U0163122

每天3分钟学会数理化

366个故事培养孩子的理科思维

1~3月

[日]小森荣治 主编　肖潇 译

北京联合出版公司
Beijing United Publishing Co.,Ltd.

出版前言

一提到数理化，很多人会联想到“理科”，并生出“深奥”“枯燥”“抽象”“难懂”等印象，甚至还有人会产生畏惧心理。如何打破人们对数理化的固有印象，激发孩子对数理化的兴趣，从而培养孩子的理科思维呢？这就是我们决定将《每天3分钟学会数理化》一书介绍给大家的初衷。

根据2017年教育部印发并要求执行的《义务教育小学科学课程标准》的基本要求，小学科学课程内容包含物质科学、生命科学、地球与宇宙科学、技术与工程四个领域，以培养孩子的科学素养、创新精神和实践能力。《每天3分钟学会数理化》一书则基本涵盖了《义务教育小学科学课程标准》中要求的主要知识点，满足了小学科学课程对孩子科学能力培养的要求，非常适合小学生阅读。

《每天3分钟学会数理化》采用每天一个故事的形式，从1月1日到12月31日，共366天。故事内容涵盖理科领域的30个细分学科，如水、空气、动物、人体、光、声音、地球、太阳系等，每个故事的阅读时间约3分钟，文图结合，

通俗易懂，让孩子在很短的时间内领略数理化乃至理科知识的博大精深，潜移默化中培养孩子的科学素养。

为配合小学生阅读需循序渐进的原则，促进学生养成持久、良好的阅读习惯，我们特意将图书按季度分成4册出版，每册约有90个故事，厚度适宜，便于孩子制定并按时完成季度阅读计划，提升阅读成就感。

现在，让我们开始阅读吧！相信这套书一定会让你爱上数理化。

作者的话

如果我说“在我们的生活中，理科知识无处不在”，你是不是会觉得有些不可思议？然而，这是千真万确的事实。

举例来说，我们每天早上被闹钟叫醒，白天肚子会饿，天气冬冷夏热、时晴时阴，我们能骑上自行车，小鸟能在天空中自由飞翔，肥皂能够把手上的污垢洗干净……所有这些都属于理科知识的范畴。或许很多人认为，理科只是在学校里学到的那些书本知识，实际上并非如此。

明白了这一点，学会用“理科的眼睛”去观察周围各种各样的事物，你会发现在我们司空见惯、认为理所当然的很多事情中，实际上蕴含着丰富的知识，会带给你满满的惊喜。一旦对理科产生了兴趣，对我们来说，每一天都会比之前更加新鲜有趣。

如果通过阅读这本书，能让越来越多的人从此爱上理科，开心享受每一天，那么我将感到不胜荣幸。

日本理科教育支援中心代表 小森荣治

写给小读者

科学在不断地发展，现在写在教科书里的东西，在未来的某一天，也有可能会被更先进的说法取而代之。本书当中所涉及的部分内容，在科学领域可能存在不同的学说，受篇幅所限，我们只选择其中最具代表性的学说加以介绍。

在各位小读者当中，如果将来能够出现补充甚至颠覆本书中所介绍的学说的人才，作为作者，我将倍感荣幸。

日本理科教育支援中心代表 小森荣治

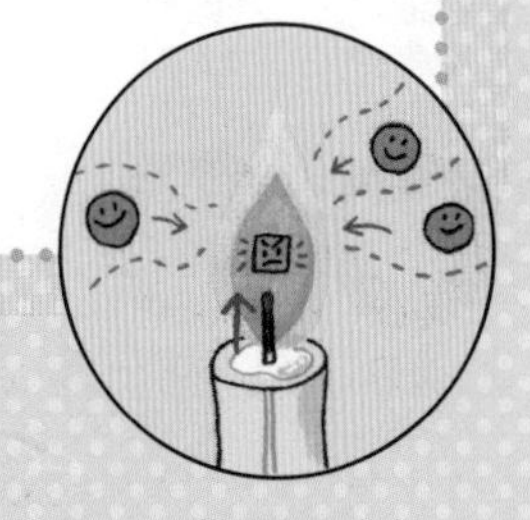

本书的使用方法

这本书含有丰富的理科知识，科学讲解人们身边常见的自然现象和生活中的许多“为什么”。

日期

从1月1日到12月31日，全书共有366天的故事，每一个故事都标注了对应的日期。读者既可以按照书中安排好的顺序进行阅读，也可以从自己喜欢的故事开始，按照自己希望的顺序进行阅读。

蒸好的年糕为什么会膨胀起来？

阅读日期（　年　月　日）（　年　月　日）（　年　月　日）

年糕是由什么做成的

我们平时吃的年糕，原本是硬邦邦的，为什么蒸好后就忽然一下膨胀起来，变得松软可口了呢？想想真是不可思议。想要了解其中的原理，先让我们来看一看年糕是用什么做成的吧。

制作年糕要用到一种“糯米”的米。糯米中含有“淀粉”——一种结构类似树木枝杈的物质。

制作年糕时，首先把糯米放在水里煮，使其处于热腾腾的蒸汽中。这样，水分就会渗入淀粉的“枝杈”之间，从而让“枝杈”进一步舒展，糯米也会随之变得松软。接着，对变软后的糯米进行搅拌和捣制，使淀粉的“枝杈”变得错综复杂。这样，软糯可口的年糕就做好了。

然而，时间一长，年糕在逐渐变凉的同时，会慢慢失去水分，淀粉的“枝杈”也会因此而“萎缩”，年糕就会变得硬邦邦的。

年糕里的水分会蒸发

实际上，变凉的年糕里所含有的水分并没有完全消失。从淀粉里跑出来的水分都被锁在了年糕里。蒸年糕的时候，这些水分又会回到淀粉的“枝杈”间隙里，这样一来，年糕就重新变得松软了。

此外，蒸年糕的时候，年糕里的水分会蒸发出来，变成水蒸气。水在变成水蒸气时，其体积会扩大1700倍。由于具有这样的性质，在蒸制过程中年糕会膨胀起来。但是，一旦年糕变凉，这些水蒸气会重新凝结成水，年糕也就随之瘪下去了。

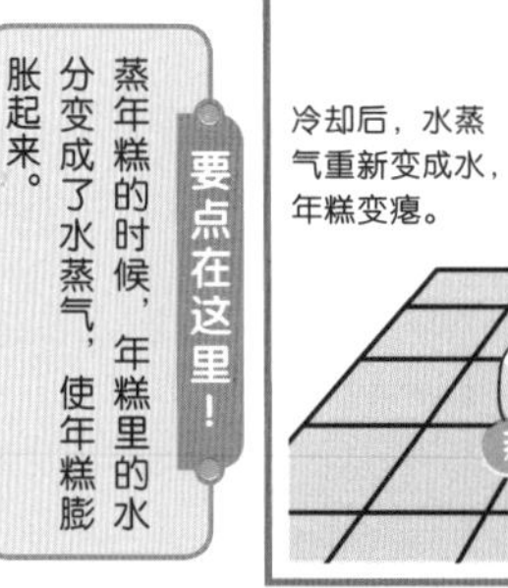

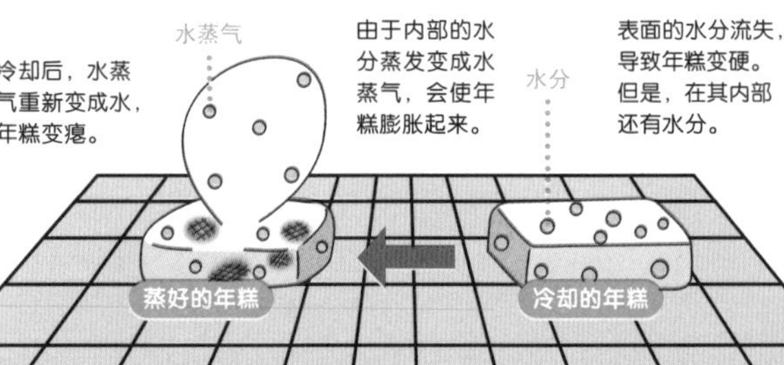

18

小测验　年糕里的水分蒸发之后会变成什么？

领域和细分学科

用符号标示出每个故事所属的科学领域。本书中的故事共分为四个领域，分别对应日本“理科”学习指导要领的“四个科学概念”。此外，在各个学科领域的标记下方，还标注了更加细致的分类“细分学科”（详见PP.6～7）。

物质的作用　物体的性质

生命　地球

故事及插图

每个故事大约为3分钟的阅读时间，既方便孩子独立阅读，也适合亲子共读。此外，随文配有插图，有助于读者理解故事内容。

阅读日期

你是在哪一天读了这个故事呢？这里能够记录三次阅读日期。请把它作为成长的记录和未来的美好回忆吧。

标题

这里列举了日常生活中会遇到的各种疑问，以及与我们日常生活息息相关的各种惊喜发现。

火箭那么大，为什么能飞到太空中？

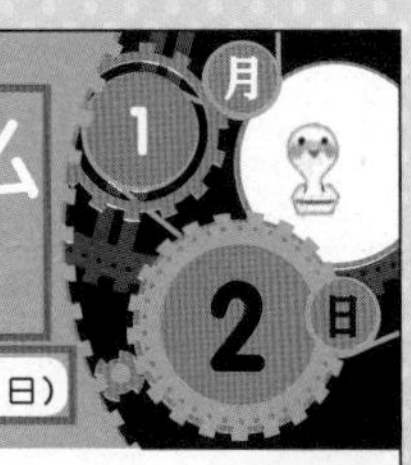

阅读日期（　　年　　月　　日）（　　年　　月　　日）（　　年　　月　　日）

物质的作用

力

利用喷气的方式前进

如果我们用力吹一个气球，然后突然松开手，会发生什么？气球会一下子飞出很远。这是由于从气球的气嘴处喷出了空气，并由此产生了与喷气方向相反的推进力。

火箭能飞上天，利用的也是同样的原理。火箭是利用燃烧推进器中的燃料，产生大量气体，再借助这些气体产生的推力飞上太空的。

但是，燃料燃烧时需要一种叫作“氧气”的气体。由于太空中并不存在含有氧气的空气，致使物体在太空中不能燃烧。因此，在火箭中，会携带大量的氧气（氧化剂）。

重量逐渐变轻

虽然火箭是借助喷出气体所产生的推力飞行的，但是如果重量太大，就会影响飞行速度。因此，大多数载有燃料和氧化剂的火箭都被设计成了两级火箭或三级火箭。当第一级火箭里的燃料用光后，这一级火箭就会自动分离出去，同时，下一级火箭的发动机开始点火工作。

这样一来，火箭在飞行的过程中，自身的重量会逐渐减轻，最终抵达太空。

要点在这里！

火箭发射时会喷出大量气体，使其借助喷气的力量前进。

第18页问题答案　水蒸气

小测验　物体燃烧需要哪种气体？

要点在这里！

将当天的故事内容加以简要总结。看看这里，当天故事的要点一目了然。

小测验

通过小测验，可以确认是否真正理解了上面讲的故事。最好是在孩子阅读完故事之后，由家长提问。答案在下一页（第二天）。

知识小专栏

除了1月1日到12月31日的每日故事，还设有专栏，帮助小读者深入了解各种各样的理科知识。

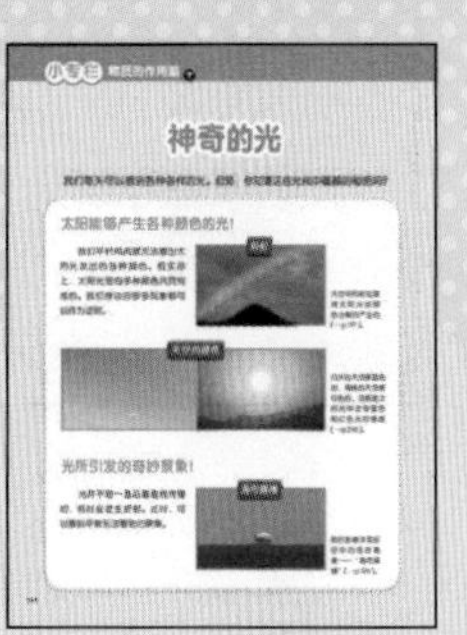

故事的细分学科与“理科”学习指导要领的对应关系

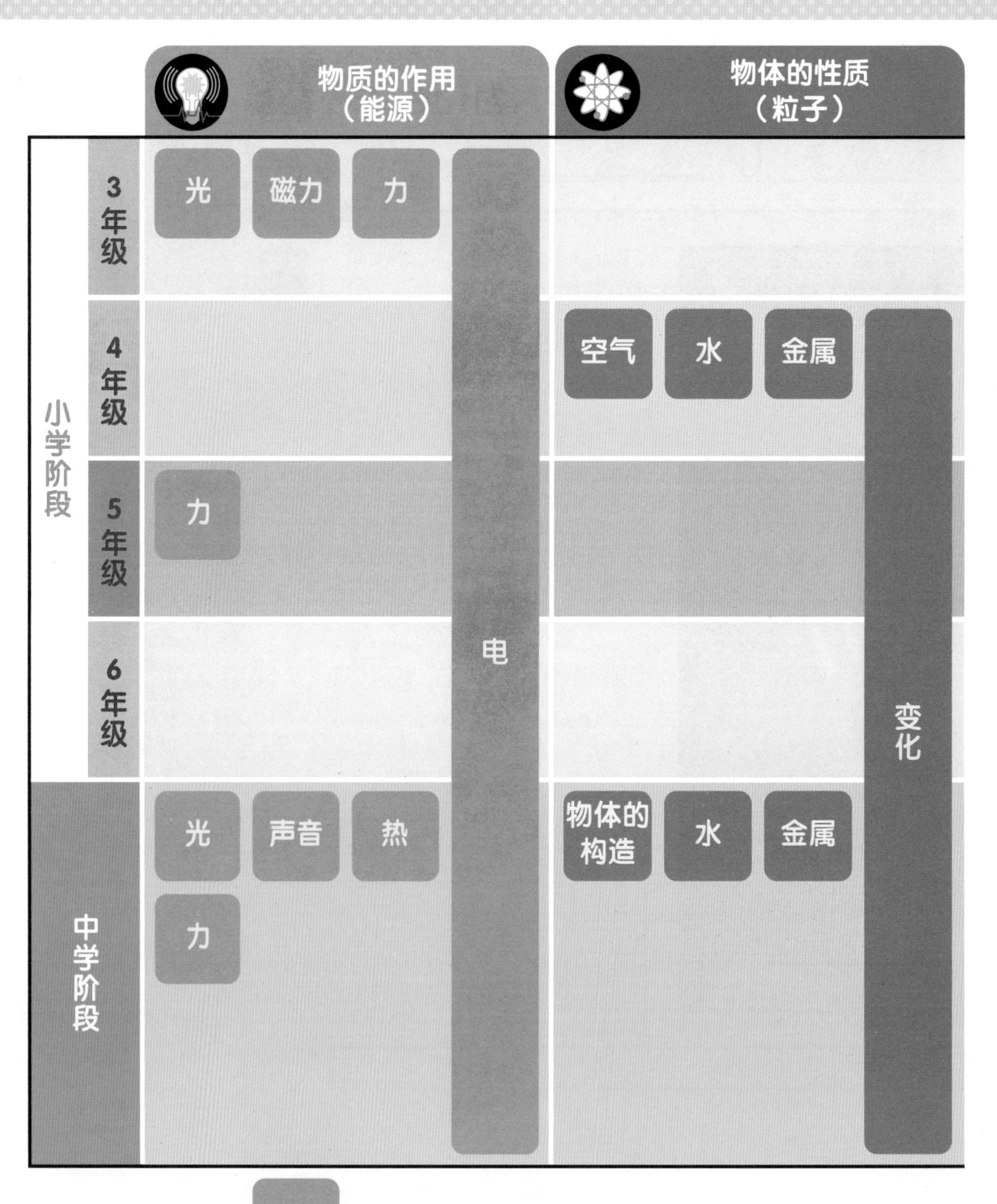

本书中介绍的故事分成了30个“细分学科”。与日本中小学各学年的“理科”学习指导要领中主题的对应关系大致如下。但并非与教科书的内容完全对应。书中也包括一部分超出中小学学习水平的内容，对于现在觉得“理解起来很难”的篇章，可以在升入中学或高中后再重新阅读。

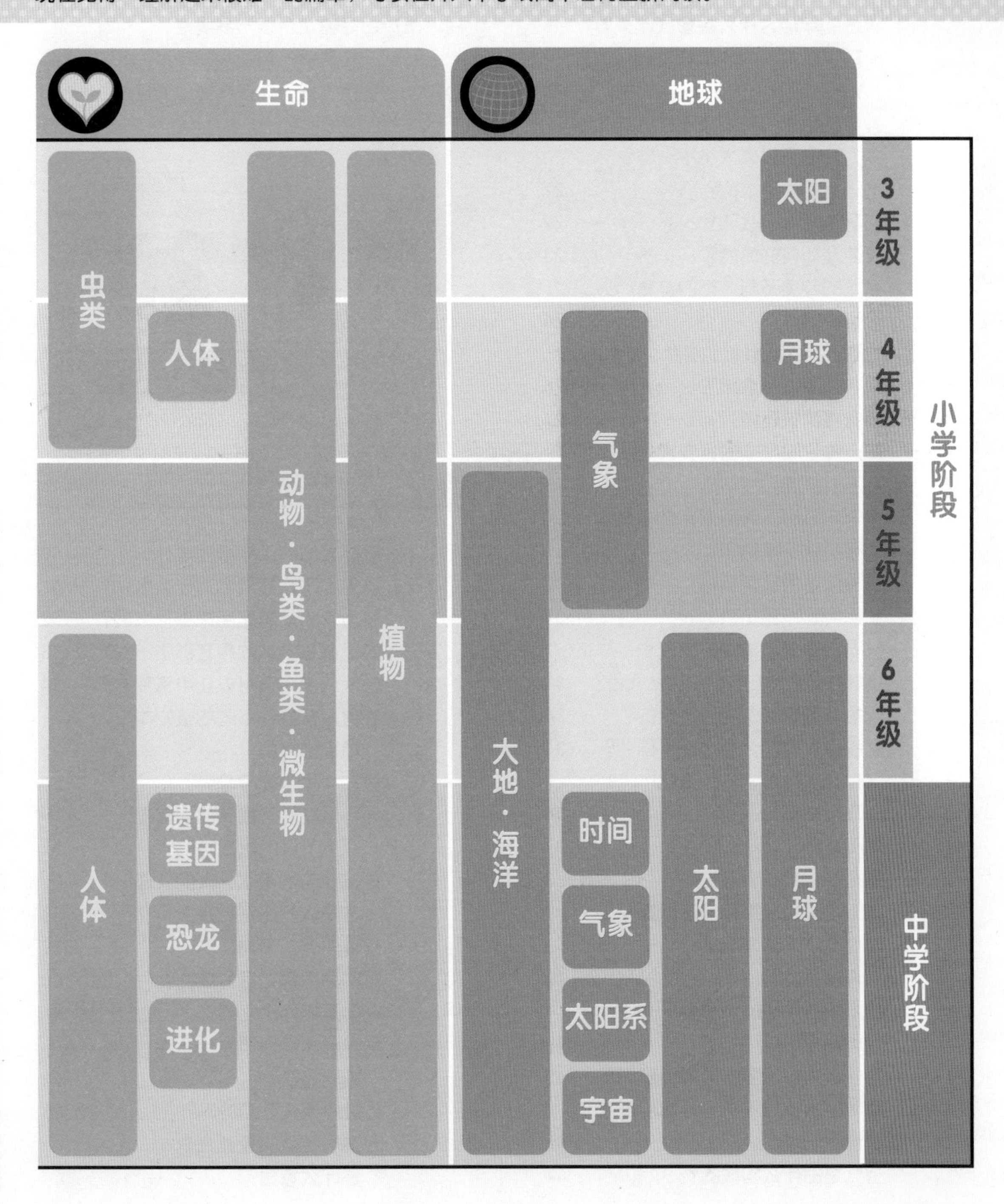

目 录

1月故事

2月故事

3月故事

目录

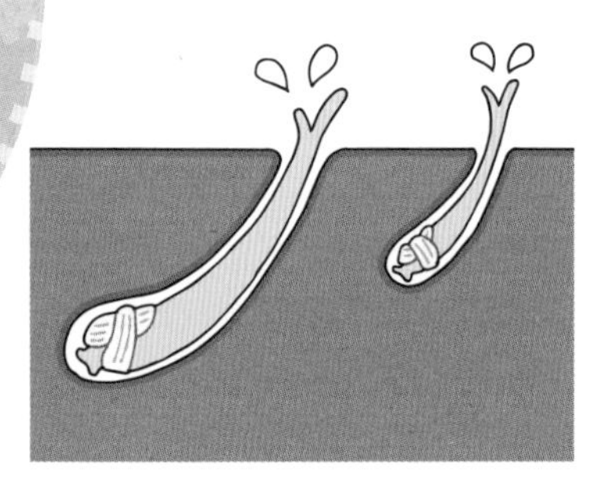

4月故事

5月故事

6月故事

目录

7月故事

8月故事

9月故事

目 录

10月故事

11月故事

目 录

12月故事

1月故事

蒸好的年糕为什么会膨胀起来？

阅读日期（　　年　　月　　日）（　　年　　月　　日）（　　年　　月　　日）

年糕是由什么做成的

我们平时吃的年糕，原本是硬邦邦的，为什么蒸好后就忽然一下膨胀起来，变得松软可口了呢？想想真是不可思议。想要了解其中的原理，先让我们来看一看年糕是用什么做成的吧。

制作年糕要用到一种“糯米”的米。糯米中含有“淀粉”——一种结构类似树木枝杈的物质。

制作年糕时，首先把糯米放在水里煮，使其处于热腾腾的蒸汽中。这样，水分就会渗入淀粉的“枝杈”之间，从而让“枝杈”进一步舒展，糯米也会随之变得松软。接着，对变软后的糯米进行搅拌和捣制，使淀粉的“枝杈”变得错综复杂。这样，软糯可口的年糕就做好了。

然而，时间一长，年糕在逐渐变凉的同时，会慢慢失去水分，淀粉的“枝杈”也会因此而“萎缩”，年糕就会变得硬邦邦的。

年糕里的水分会蒸发

实际上，变凉的年糕里所含有的水分并没有完全消失。从淀粉里跑出来的水分都被锁在了年糕里。蒸年糕的时候，这些水分又会回到淀粉的“枝杈”间隙里，这样一来，年糕就重新变得松软了。

此外，蒸年糕的时候，年糕里的水分会蒸发出来，变成水蒸气。水在变成水蒸气时，其体积会扩大1700倍。由于具有这样的性质，在蒸制过程中年糕会膨胀起来。但是，一旦年糕变凉，这些水蒸气会重新凝结成水，年糕也就随之瘪下去了。

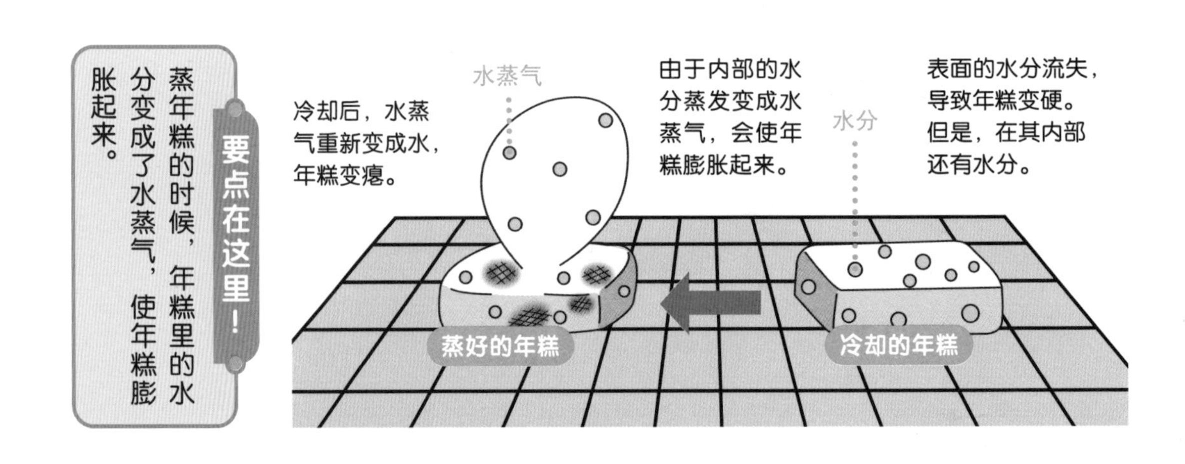

小测验　年糕里的水分蒸发之后会变成什么？

火箭那么大，为什么能飞到太空中？

1月2日

阅读日期（　年　月　日）（　年　月　日）（　年　月　日）

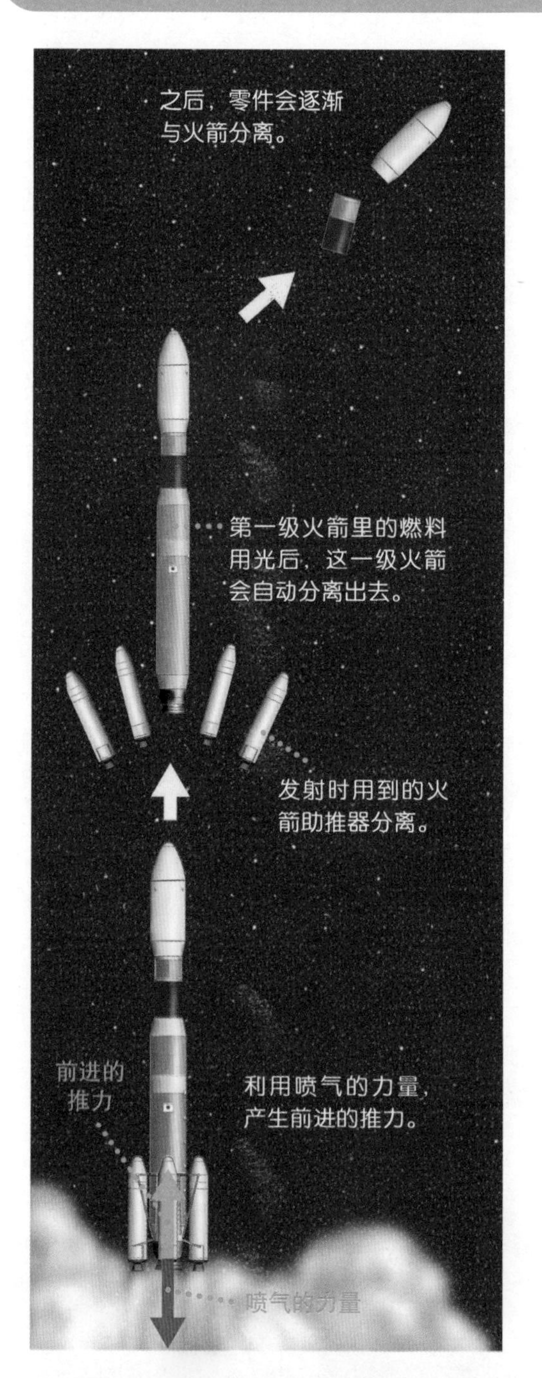

利用喷气的方式前进

如果我们用力吹一个气球，然后突然松开手，会发生什么？气球会一下子飞出很远。这是由于从气球的气嘴处喷出了空气，并由此产生了与喷气方向相反的推进力。

火箭能飞上天，利用的也是同样的原理。火箭是利用燃烧推进器中的燃料，产生大量气体，再借助这些气体产生的推力飞上太空的。

但是，燃料燃烧时需要一种叫作“氧气”的气体。由于太空中并不存在含有氧气的空气，致使物体在太空中不能燃烧。因此，在火箭中，会携带大量的氧气（氧化剂）。

重量逐渐变轻

虽然火箭是借助喷出气体所产生的推力飞行的，但是如果重量太大，就会影响飞行速度。因此，大多数载有燃料和氧化剂的火箭都被设计成了两级火箭或三级火箭。当第一级火箭里的燃料用光后，这一级火箭就会自动分离出去，同时，下一级火箭的发动机开始点火工作。

这样一来，火箭在飞行的过程中，自身的重量会逐渐减轻，最终抵达太空。

要点在这里！

火箭发射时会喷出大量气体，使其借助喷气的力量前进。

第18页问题答案：水蒸气

小测验　物体燃烧需要哪种气体？

神奇的错觉！明明是一样大的东西，为什么看起来大小不一样？

阅读日期（　年　月　日）（　年　月　日）（　年　月　日）

任何人都会产生的视错觉

我们的所见所闻，有时会感觉与实际情况不一样，这种现象叫作“错觉”。其中，眼睛所看到的错觉又有一个单独的名称，叫作“视错觉”。

任何人都会产生视错觉。我们先来看看下图①中的两个图形。是不是感觉上面的那条线段似乎更长一些？实际上，两条线段的长度是相同的。你可以用直尺来验证一下。不过，即便知道这两条线段长度相同，看上去也还是觉得上面的那条更长一些。

大脑产生的错误

通常，眼睛看到的信息被传输给大脑，再由大脑来判断我们“看到了什么”。但是，大脑偶尔也会出错。正常情况下，大脑会对眼睛收集到的信息中不合理的地方加以修正，然后从整体的角度判断“大概是……东西”。这也是产生错觉的原因所在。

接下来，请大家看图②。放在桌子上的两个蛋糕，似乎较远处的那个要比靠近桌边的这个看起来大一些。然而实际上，图中的两个蛋糕大小是相同的。举例来说，如果一个刚刚站在身边的人离我们越来越远，虽然他看起来身影变小了，但是我们知道，那个人实际上并没有变小。同样的道理，我们的大脑在看到图②的时候，做出的判断是“放在远处的那个蛋糕看起来与放在桌边的这个一样大，那实际上一定是放在远处的那个更大吧”。这样一来，放在远处的那个蛋糕看起来就显得更大一些了。

要点在这里！

看起来与实际情况不符的这种视错觉，是由大脑产生的。

①

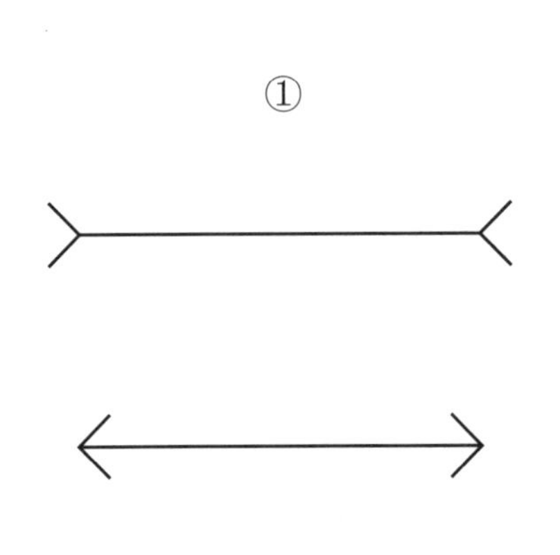

②

第19页问题答案　氧气

小测验　由眼睛看东西所引发的错觉叫什么？

钻石是如何形成的？

阅读日期（　　年　　月　　日）（　　年　　月　　日）（　　年　　月　　日）

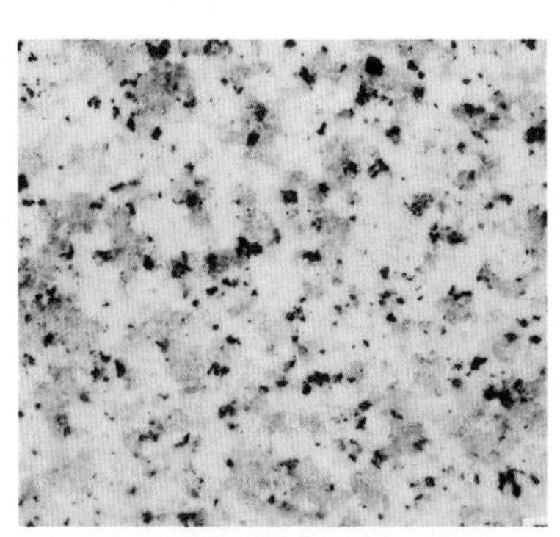

有一种叫作花岗岩的岩石，是由各种各样的矿物聚集在一起形成的。其中，白色的是长石，灰色的是石英，黑色的是黑云母。

铅笔和钻石是同一种物质？

仔细观察路边或河滩上的石头，会发现它们是由各种颜色的小珠子聚集在一起形成的。

这一粒一粒的小珠子叫作“矿物”。其中最坚硬的一种矿物就是钻石。

钻石形成于地下深处。构成钻石的基本元素是“碳”，和大家平时用的铅笔笔芯属于同一种物质。

在地球内部由岩石构成的地幔中，在高温和压力的作用下，碳会逐渐变得坚硬，最终形成钻石。

火山喷发时，这些钻石会随着地幔中流出的“熔岩”（熔化了的黏糊糊的岩浆）一起来到距离地表较近的地方，这样人们就很容易把它们挖出来了。

钻石的形成

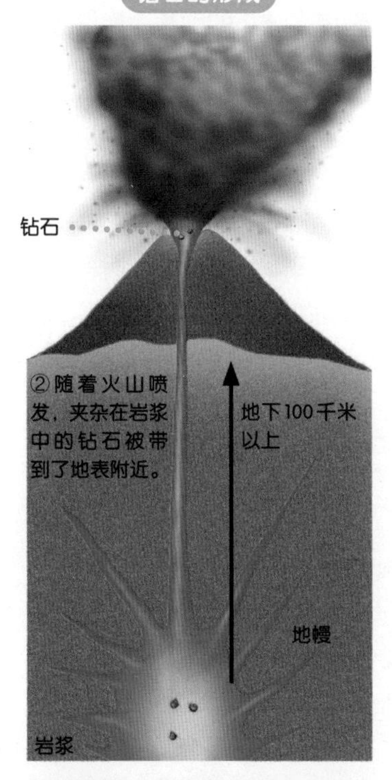

①在地幔中，在高温和高压的作用下，碳原子会逐渐结合成块，并变成钻石。

美丽的宝石

在矿物中，像钻石这样非常珍贵的美丽矿石被称作“宝石”。

钻石的构成成分是碳，与此相类似的例子还包括，源自“氧化铝”的、能够散发出蓝色光泽的蓝宝石和散发出红色光泽的红宝石。

这些宝石刚从地下被挖出来时，其实并没有那么漂亮，需要进行一定的加工，再经过切割和打磨，最终才会变成美丽的宝石。

要点在这里！

钻石是对位于地球内部深处的碳施加高温和高压而形成的。

第20页问题答案 视错觉

小测验 钻石的主要成分是什么？

鸵鸟为什么不会飞？

阅读日期（　年　月　日）（　年　月　日）（　年　月　日）

扁平的胸骨

鸵鸟属于鸟类中的一种，是目前世界上体积最大的鸟类。大多数鸟类都能在天空中自由翱翔，但鸵鸟却不会飞——秘密就藏在鸵鸟的胸骨里。鸟类是靠胸部强健的肌肉来挥动翅膀的。在能飞的鸟类的胸骨处，有一个叫作“龙骨突起”的、形状前凸的部位，里面有巨大的肌肉块。

然而，鸵鸟却没有“龙骨突起”，它的胸骨是扁平的。因此，在鸵鸟的胸部，基本没有能够带动翅膀挥舞的胸部肌肉，也就没有办法飞起来了。

鸵鸟与鸽子

不适合飞行的羽毛

鸵鸟的羽毛里也藏着令它无法飞行的秘密。

一根一根地仔细观察鸟类的羽毛，你会发现每根羽毛的正中间都有一根羽轴，在它的左右两侧生长着许多细小的羽片。能够飞行的鸟类，羽轴左右两侧的羽片长度不尽相同。这使得它们能借助风的力量飞起来。然而鸵鸟羽轴两侧的羽片长度却是一样的。由此看来，鸵鸟不仅拥有扁平的胸骨，并且胸骨上几乎没有肌肉，就连羽毛的形态也不适合飞行。

虽然现在的鸵鸟不能在天上飞，但是据猜测，很久以前，鸵鸟的祖先是能够在天上飞的。有一种说法是，距今大约6600万年前，恐龙灭绝后，有一部分鸟类不再需要飞到天上去躲避恐龙的攻击，加之吃了过量的食物，身体变得越来越胖，从而不适合飞翔了。

要点在这里！

由于鸵鸟的胸骨和羽毛的形状都不适合飞行，所以鸵鸟只能在地上生活了。

第21页问题答案　碳

小测验　能够飞行的鸟类，其胸骨处向前凸出的部位叫什么？

食盐是如何制成的？

制作食盐的原料

几乎每个人的家里都有食盐，那么你有没有想过，食盐是用什么制成的呢？

世界上使用最广泛的食盐原料是“岩盐”。很久很久以前，地球表面发生剧烈变动，一部分海洋变成了陆地，并残留了一些海水。这些海水中的水分蒸发以后，留下的盐在漫长的岁月里被逐渐压碎，最终形成一种块状物，即“岩盐”。在地下挖掘岩盐后将其捣碎，或者使其溶于水后再熬干，这些方式都可以制作食盐。

同样的道理，残留在陆地上的海水，部分蒸发后形成的湖叫作“盐湖”。盐湖里的水比海水的盐分含量更高，也可以作为制作食盐的原料。

此外，海水里的盐分含量虽然低于盐湖，但也可以作为制作食盐的原料。

日本的传统制盐法

① 在沙滩上造出盐田，将海水倒入其中，使水分蒸发后得到盐。

② 将得到的盐再次倒入海水里，制成咸水（浓度较高的盐水）。

③ 用大锅熬煮咸水，表面会结出盐。

日本传统的制盐法

由于日本没有岩盐和盐湖，因此，食盐都是从海水中提取的。由于海水的含盐量只有约3%，所以需要想办法去除97%的水分。

很久以前，人们会在沙滩上造出一个叫作“盐田”的地方，将海水倒入其中，通过水分蒸发，得到一种叫作“咸水”的盐水，然后将其熬干得到盐。现在，这种方法几乎不再使用了。

现在日本制造的绝大部分食盐，都是利用电能制造出咸水，再将其放入真空蒸发罐中萃取而来的。

要点在这里！
食盐可以利用岩盐、盐湖里的水或海水做原料制成。

小测验 在日本，制造食盐时用到的原料是什么？

第22页问题答案 龙骨突起

恐龙的种类不同，吃的食物也不同！

阅读日期（　年　月　日）（　年　月　日）（　年　月　日）

肉食性恐龙与植食性恐龙

恐龙大体上可以分为“蜥臀目”和“鸟臀目”两大类。分类的依据是位于腰部的“耻骨”的朝向：耻骨朝前的恐龙属于蜥臀目；而耻骨朝后的恐龙当中，除少数特例，其余都属于鸟臀目。

蜥臀目恐龙又可以分为“蜥脚类”恐龙和“兽脚类”恐龙。蜥脚类恐龙属于植食性恐龙。它们的特征是，用四条腿来支撑庞大的身体，颈部和尾巴都很长。其中，最为人们所熟知的是腕龙和梁龙。

兽脚类恐龙属于肉食性恐龙。它们的特征是，用两条粗壮的后腿行走，靠猎食其他恐龙等动物为生。其中，最为人们所熟知的是异特龙和暴龙。

隶属于鸟臀目的恐龙大多是植食性恐龙。它们的特征是，嘴的形状呈鸟嘴状。剑龙、三角龙和禽龙等都属于这一类。

蜥臀目

蜥脚类　兽脚类

腕龙 植食性恐龙

异特龙 肉食性恐龙

鸟臀目

剑龙　禽龙

三角龙 植食性恐龙

牙齿的形状不同

肉食性恐龙和植食性恐龙的牙齿形状不同。肉食性恐龙的牙齿呈锯齿状，像刀刃一样，这样的牙齿不仅能够在撕咬猎物的时候发挥很好的破坏作用，而且也方便切割食物。而植食性恐龙，会利用形状类似叉勺的牙齿咀嚼植物，并利用形状类似铅笔的牙齿啃咬植物的叶片等比较容易吃到的部分。

虽然恐龙是从爬行类动物进化而来的，但实际上，在远古时代，所有的爬行类动物都是肉食性的。之所以能从爬行类动物中进化出植食性恐龙，是因为它们生活在植物茂盛的环境里，导致其食物发生了变化。

要点在这里！

蜥臀目恐龙分为肉食性恐龙和植食性恐龙，鸟臀目恐龙则基本是植食性恐龙。

第23页问题答案 海水

小测验 剑龙、三角龙和禽龙是肉食性恐龙，还是植食性恐龙？

地球在宇宙的什么位置?

阅读日期（ 年 月 日）（ 年 月 日）（ 年 月 日）

宇宙的边际在哪里?

我们生活的地球，是一颗位于宇宙中的星球。那么，宇宙的边际在哪里呢?

目前，从地球上所能观测到的宇宙最远的地方，距离地球有138亿光年（光需要138亿年才能抵达的地方）。此外，科学已经证实，宇宙至今仍处于不断扩张的状态。这样想来，我们似乎并不太清楚地球究竟位于宇宙的什么位置。

然而，1998年，利用当时最新的观测技术，科学家们已经开始尝试绘制“宇宙地图”，根据这张“地图”，我们可以大致想象出地球在宇宙中所处的位置。

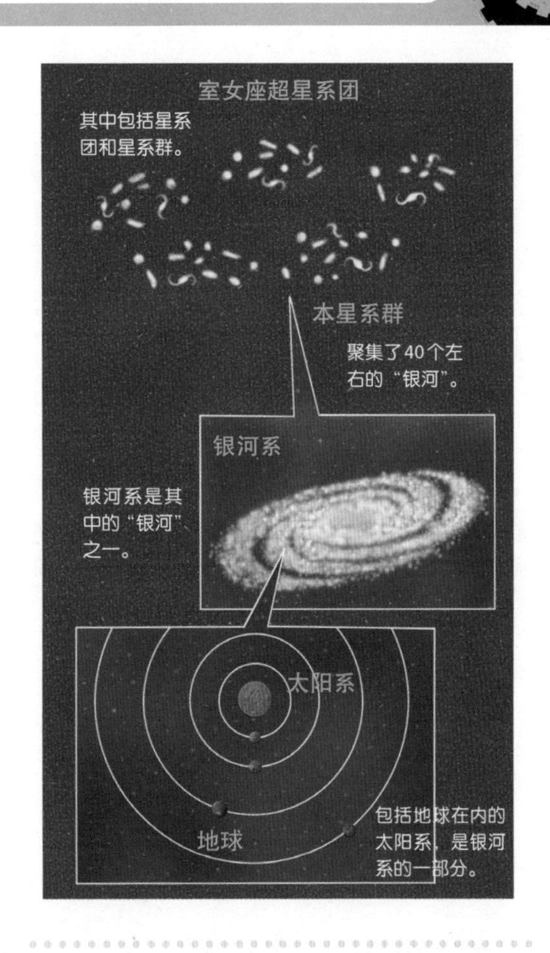

地球在宇宙中所处的位置

地球是围绕太阳运转的“行星”之一。太阳是一颗自体发光的“恒星”，在它的周围，有包括地球在内的8颗行星，还有围绕其运转的月球等其他“卫星”“小行星”“彗星”等，它们共同构成了“太阳系”。在太阳系的周围，还有许多其他的恒星，它们与太阳系共同构成了“银河系”。

银河系是宇宙中为数众多的“银河”（星星的集合）中的一员。在银河系周围，还有40个左右的“银河”，它们共同构成了“本星系群”。

本星系群又与附近的星系群，以及规模更为庞大的“星系团”一起，构成了一个叫作“室女座超星系团”的集合。

也就是说，地球位于“宇宙大规模结构中的，室女座超星系团中的，本星系群中的，银河系中的太阳系”。

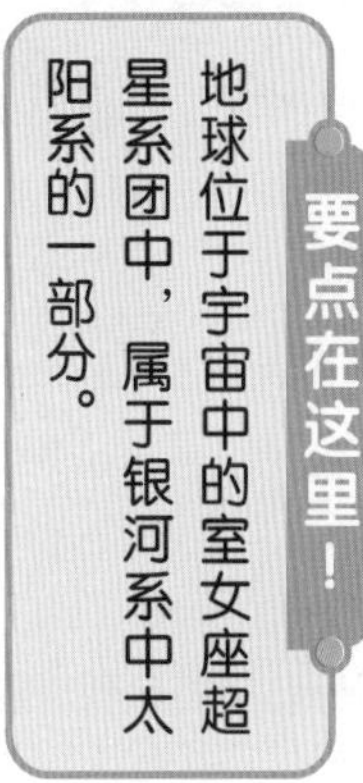

第24页问题答案 植食性恐龙

小测验 像太阳那样自体发光的星球叫什么?

吃药并不能治愈感冒！

阅读日期（ 年 月 日）（ 年 月 日）（ 年 月 日）

缓解感冒症状

大家在感冒的时候，都会吃感冒药吧？

然而，或许事实会让你觉得有些出乎意料，那就是，实际上，感冒药并不能治愈感冒。严格来讲，世界上根本就没有感冒这种病。

感冒的正式名称叫作“感冒症候群”。由于细菌或病毒（→p.30）侵入体所引起的发热、咳嗽、咽喉肿痛、流鼻涕、鼻塞等上呼吸道感染症状统称为“感冒”。

一旦病毒等侵害身体健康的物质进入体，人体就会启动防御机制，试图将其驱逐出体外，来维护自身健康。人之所以会发烧，是身体正在与病毒做斗争，使其处于较为活跃的状态而导致的。此外，出现咳嗽、有痰和流鼻涕的症状，也说明身体正在把病毒驱逐出体外。

如上所述，感冒能够痊愈，几乎可以说是身体自身的功劳，与药物并没有太大关系。而药物，主要是在上述身体机能发挥作用时，缓解由此产生的不良症状。

身体的敌人——病毒进入人体后，身体会启动防御机制，由此产生的各种上呼吸道感染症状，统称“感冒”。

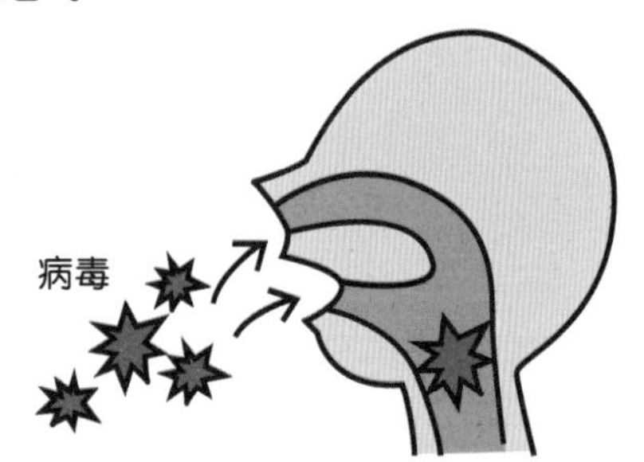

感冒药只能起到缓解上述症状的作用。为了帮助身体积蓄与病毒做斗争所需的能量，人需要好好休息。

想要让感冒痊愈，应该做些什么

出现高热、咳嗽、有痰，且症状较为严重时，要去医院接受治疗。症状不严重时，则可以凭借自身的力量战胜病毒。具体的做法就是好好休息。

与此同时，为了让身体的防御系统能够更好地工作，需要让房间内保持温暖，多摄入水分和营养物质，以及保证充足的睡眠。

要点在这里！

感冒药的作用是缓解感冒症状，并不能治愈感冒。

恒星 第25页问题答案

小测验 感冒的正式名称叫什么？

蜘蛛丝比铁还要强韧！

阅读日期（　　年　　月　　日）（　　年　　月　　日）（　　年　　月　　日）

柔软而又强韧的蜘蛛丝

你摸过蜘蛛丝吗？蜘蛛丝摸上去非常软，而且粗细也只相当于人类头发丝的十分之一。然而，它却十分强韧。

对铁进行强化，会得到一种叫作钢铁的物质，如果将同样粗细的蜘蛛丝和用钢铁制成的钢筋加以比较，会发现蜘蛛丝的强度是钢筋的5倍。

据说，如果将蜘蛛丝集结成直径为1厘米的丝束用来制作巢穴，则制成的巢穴即使遭到喷气式飞机的撞击都不会损坏。

蜘蛛丝的特点不仅在于强度高，还有极好的伸缩性，能够耐400℃的高温，且同等强度下，重量仅约为钢铁的六分之一。因此，蜘蛛丝被大量生产，并广泛应用于服装制造等领域。

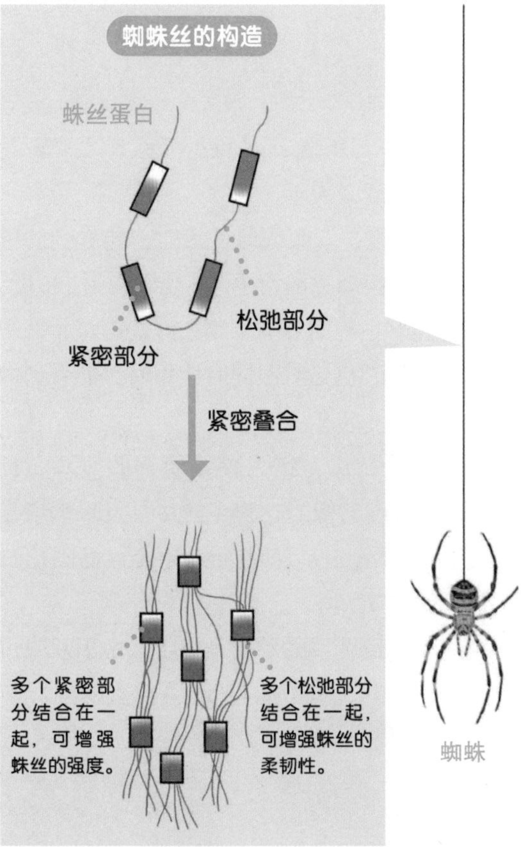

坚硬的部位用于连接

蜘蛛丝为什么会如此强韧呢？

蜘蛛丝的主要成分是一种叫作“蛛丝蛋白”的物质。蛛丝蛋白是由紧密部分和松弛部分交替构成的线状整体。

多个紧密部分结合在一起成为结晶状态，可以增强蛛丝的强度，使其更结实、牢固。而非结晶状态的松弛部分则起到了连接晶体部分的作用，增强了蛛丝的柔韧性。

要点在这里！

在同样粗细的情况下，蜘蛛丝的强度大约是钢铁的5倍。

第26页问题答案　感冒症候群

小测验　蜘蛛丝主要是由什么物质构成的？

每一种生物眼中的世界都是不一样的！

阅读日期（　年　月　日）（　年　月　日）（　年　月　日）

看到的颜色

人类

能够看到各种颜色

小狗

红色和绿色看起来都近似于茶色

小猫

红色看起来全部近似于茶色

仓鼠

所有颜色看起来都是黑白的

看到的颜色不一样

包括我们人类在内的大多数生物，都能够利用眼睛获取大量的信息。然而，并不是所有生物看到的世界都是一样的。

举例来说，人类的眼睛能够正确辨识各种颜色，小狗的眼睛却很难分辨红色和绿色。这两种颜色在小狗看来，都近似于茶色。小猫的眼睛也很难分辨红色，所有的红色在小猫看来，也都近似于茶色。

还有更严重的，仓鼠的眼睛只能分辨明暗，而完全不能辨识颜色。所有的颜色在它们看来都是黑白的。

能看到的范围

浅色部分表示单眼能看到的范围

深色部分表示双眼能看到的范围

人类的视野
约210度

狮子的视野
约250度

斑马的视野
约300度

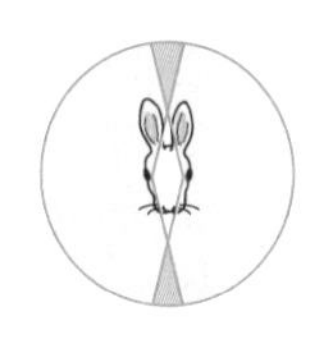

兔子的视野
约360度

可视范围不一样

在眼球不动的情况下，所能看到的范围称为“视野”。视野的宽阔程度通常用角度来表示。

人类的视野约为210度，双眼同时使用时，能看到的范围会进一步扩大。作为食肉动物的狮子，其视野约为250度，为了能够正确测算与猎物之间的距离，狮子和人一样，也是双眼同时使用时，能看到的范围会进一步扩大。

与此相比，作为食草动物的斑马，拥有约300度的视野。为了能尽早发现悄悄靠近自己的敌人，食草动物的视野范围比食肉动物更宽阔。

视野最宽阔的动物是兔子。由于双眼位于脸的两侧，兔子拥有接近360度的视野。

要点在这里！

生物种类不同，所能分辨的颜色和看到的范围也不同。

第27页问题答案 蛛丝蛋白

小测验　小猫很难分辨的颜色是哪一种？

电车启动时，人们为什么总是感觉快要摔倒了？

阅读日期（　　年　　月　　日）（　　年　　月　　日）（　　年　　月　　日）

惯性的作用

坐电车时，在电车启动的一瞬间，你有没有过要朝着与电车前进方向相反的方向摔倒的经历呢？那么，这种情况究竟是如何产生的呢？

静止不动的物体，只要没有受到来自周围的外力，就会一直保持静止不动。物体的这种性质叫作“惯性”。

电车启动时，由于电车里的人还是保持静止不动的，在惯性的作用下，人体就会想要保持原地不动。

而此时电车已经向前行进了。因此，人就会感觉好像要朝着与电车前进方向相反的方向摔倒了。

想要持续运动

并非只有静止不动的物体才具有惯性。

处于匀速直线运动的物体，只要没有受到来自周围的外力，就会一直按照同样的速度持续运动下去。物体的这种性质也叫作惯性。

电车刹车时，即使车已经停下来了，车上的人还是会在惯性的作用下想要保持原来的运动状态。

这样一来，人就会感觉好像要朝着电车前进的方向摔倒了。

电车启动时

电车里的人，由于想要保持静止不动，就会感觉好像要朝着与电车前进方向相反的方向摔倒了。

电车刹车时

电车里的人，由于想要保持持续的运动状态，就会感觉好像要朝着电车前进的方向摔倒了。

要点在这里！

电车启动或刹车时，在惯性的作用下，人们总会感觉好像要摔倒了。

小测验　静止的物体保持静止，运动的物体保持运动的性质叫什么？

第28页问题答案　红色

引发流感的罪魁祸首！

阅读日期（　　年　　月　　日）（　　年　　月　　日）（　　年　　月　　日）

无法凭借自身的力量实现增殖

高热、咳嗽、流鼻涕等困扰我们的流感症状，是由一种叫作“流感病毒”的病毒所引起的感染性病症。虽然看起来跟普通的感冒非常相似，但普通感冒是由细菌感染等原因引起的。

病毒是一种大小仅为万分之一毫米的小东西。与细菌不同，病毒无法凭借自身的力量独立生长或复制，而是要包裹住作为身体设计图纸的遗传基因（→p.95），再由宿主的细胞系统进行自我复制。

因此，病毒是靠侵入其他生物的细胞，也就是进入活的细胞内部，在其中制造出病毒自己的遗传基因来实现增殖的。

患上流感的人，在咳嗽和打喷嚏的时候，会喷出带有病毒的痰或唾液。一旦吸入这样的痰或唾液，就会感染流感病毒。

此外，流感病毒害怕湿和热，适合在寒冷且干燥的冬季环境下生存。因此，流感经常在冬季流行。

要点在这里！

引发流感的，是一种在活细胞内实现增殖的，叫作『流感病毒』的病毒。

人体为了驱赶在体内增殖的病毒，就会出现高热、咳嗽、流鼻涕等症状。

第29页问题答案　惯性

小测验　引发流感的原因是什么？

宇宙中是冷还是热?

阅读日期（　　年　　月　　日）（　　年　　月　　日）（　　年　　月　　日）

宇宙中既不冷也不热?

每到夏季和冬季，大家总是在感叹“真热”或者“真冷”。那么，我们为什么会有这样的感觉呢？原因就在于空气的温度。

日本的空气温度，也就是通常所说的气温，在夏季有时可以达到35℃以上，而到了冬季，有些地区的气温又会低至零下。因为空气温度的高低不同，我们也会随之感觉到“热”或者“冷”。

然而，宇宙中并没有空气存在，我们也就感觉不到像地球上这样的冷和热。

在没有空气和海水的宇宙中，被太阳光照射的区域，温度非常高，而没有被太阳光照射的区域，温度则非常低。

100℃以上

-100℃以下

因为有空气和海水，地球上温度适宜。

完全凭借太阳光

在宇宙中，当某个物体被太阳光照射时，其温度就会逐渐升高（→p.42），有时甚至可以达到100℃以上（接近地球的位置）。而在地球上，由于空气和海水的作用，太阳光所产生的热量会被大大减弱。因此，在既没有空气也没有海水的宇宙中，温度的上升程度会更加剧烈。

此外，地球上的空气和海水具有储存热量的作用，而宇宙中没有这样的物质，因此，一旦离开太阳光照射，温度就会急剧下降。宇宙中，太阳光照射不到的地方，温度甚至会低于-100℃。

顺便告诉大家，宇航员是利用航天服来调节温度的，因此，可以在宇宙中自由活动。

要点在这里！

在没有空气和海水的宇宙中，被太阳光照射的区域，温度可高达100℃以上，而没有被太阳光照射的区域，温度则可能低于-100℃。

第30页问题答案 流感病毒

小测验 地球上是什么东西减弱了太阳光所产生的热量?

只要苦练就能跑得快吗？

阅读日期（　年　月　日）（　年　月　日）（　年　月　日）

“快肌”

“慢肌”

“快肌”和“慢肌”

在学校里跑马拉松的时候，你是不是也想跑得更快一点儿？

田径运动员分为擅长短距离跑的短跑运动员和擅长长距离跑的长跑运动员。擅长短跑还是长跑，与个人体内哪一种类型的肌肉含量较高有关。

短跑运动员体内能够快速收缩的偏白色的肌肉，也就是所谓的“快肌”含量较高。这样的人爆发力强，但无法长时间保持这一状态。

另一方面，长跑运动员体内偏红色的肌肉，也就是所谓的“慢肌”含量较高。与“快肌”相比，“慢肌”无法快速收缩。但是，“慢肌”中含有大量的“肌红蛋白”，其中蕴含着大量产生能量所必需的氧，因此具备不易疲劳的特点。

实际上，科学已经证实，多练习短跑能够增加“快肌”，多练习长跑能够增加“慢肌”。因此，只要进行有效的训练，就能跑得更快。

要点在这里！ 只要结合肌肉的类型进行练习，就能跑得更快。

第31页问题答案 空气和海水

小测验 擅长长跑的运动员，体内哪种肌肉含量较高？

小鸟为什么要在天空中列队飞行？

阅读日期（　年　月　日）（　年　月　日）（　年　月　日）

能够轻松飞行较长的距离

大家看到过许多小鸟排成“V”字形在天上飞吗？这是一种叫作“候鸟”的鸟类。

候鸟会随着季节的变化更换栖息地。举例来说，有的天鹅在日本过冬，到了春天，就会长途飞行3000～4000千米，回到比日本更靠北的地方去。

候鸟之所以会排成“V”字形在天上飞，其中蕴含着在长途飞行中尽量减少能量消耗的智慧。

鸟儿向下挥动翅膀时，翅膀下方的空气会被推开。这样一来，这部分空气就会流向翅膀上方，从而在翅膀的周围产生空气旋涡。空气旋涡的外侧则变成了向上的气流。因此，后面的候鸟大多飞在前面候鸟的斜后方，利用前面候鸟所产生的气流将身体托起来。

鸟儿们按照顺序利用前面鸟儿的翅膀产生的气流借力飞行，最终就排成了“V”字形的队伍。有时候，它们也会在前一只鸟的斜后方排成笔直的一队。

不过，飞在最前面的那只鸟无法利用气流，会消耗大量能量，因此，鸟儿们多采用交替领头的方式飞行。

某些候鸟的列队方式

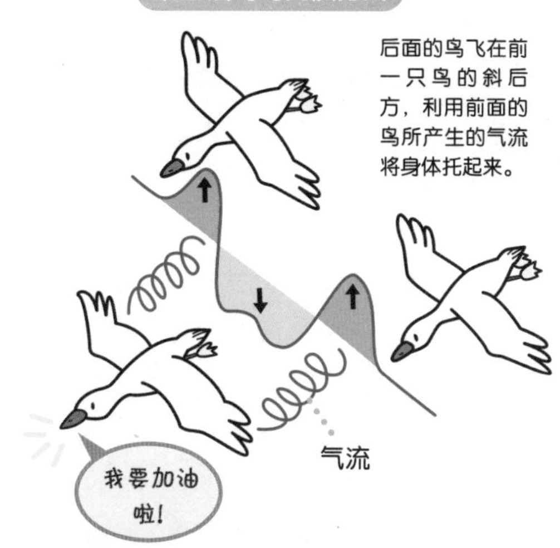

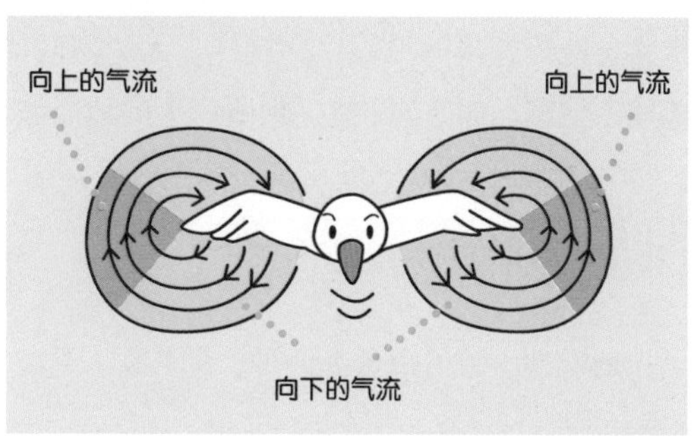

也有不列队飞行的候鸟

同样是候鸟，像燕子这种体形较小的鸟类基本不会列队飞行。这是因为它们的翅膀所能产生的气流较小，并且它们几乎不用挥动翅膀，就能以极快的速度飞行。

要点在这里！

天鹅等鸟类通过列队飞行的方式，可以利用较少的能量实现长途飞行。

第32页问题答案　慢肌

小测验　随季节变化而更换栖息地的鸟叫什么鸟？

紧急地震速报是如何发出的?

阅读日期（　　年　　月　　日）（　　年　　月　　日）（　　年　　月　　日）

即刻通知地震发生

日本是一个地震多发的国家。一旦发生地震，人们必须马上转移到安全的地方避险。因此在日本，有一套尽可能以最快的速度告知地震发生的机制，即紧急地震速报。

一旦发生地震，所产生的晃动会以一种名为“地震波”的波的形式进行传导。而一种叫作“地震仪”的仪器能够测定地震所引起的晃动，可以及时在地面发生大的晃动之前，把相关情况通知给人们。

在日本全国各地，共安装了1000余台用于紧急地震速报的地震仪，这样，无论何时何地发生地震，都能立即捕捉到所产生的地震波。

利用两种波的速度差

地震波大致可以分为两种，即P波（纵波）和S波（横波）。其中，P波的传导速度更快。S波虽然传导速度稍慢，但是会引起强烈的晃动，因此会造成更大的伤害。为了防备更强烈的晃动，就必须要赶在S波抵达自己所在的位置前，尽早了解到这一信息。

地震仪一旦捕捉到P波，就会立即将信息发送至气象厅。气象厅根据收到的信息，利用计算机对何时何地将会发生什么级别的地震进行预测。如果预测结果是即将发生五级或以上程度的地震，就会发出紧急地震速报。

速报除了在电视和广播中播出，还会发送到普通手机和智能手机上。在速报发出数秒到数十秒之后，引发剧烈晃动的S波会抵达地面，在此之前，要做好防备。

但是，如果在距离地震震源较近的位置，即使收到速报也来不及反应。因此，平日里做好防备地震的工作十分重要。

地震仪将P波的信息发送至气象厅，由气象厅预测震级后发出紧急地震速报。

要点在这里！

在两种地震波中，地震仪可以捕捉到较快到达的P波，再由气象厅预测震级后发出紧急地震速报。

小测验 在地震发生时产生的两种地震波中，能够引发剧烈晃动的是哪一种?

候鸟
第33页问题答案

钢铁巨轮为什么能浮在水面上?

阅读日期（　年　月　日）（　年　月　日）（　年　月　日）

作用于船的力

用钢铁制成的轮船，体积巨大，重量高达数万吨。然而，如此沉重的钢铁巨轮却不会沉入水下，而是浮在水面上。这是为什么呢?

将船放在水上，船会推开水向下沉。此时，水会产生一股与被船推开的水重量相同的、令船向上浮起的力，即“浮力”。

船向下沉得越多，推开的水量就越大，随之而产生的浮力也就越大。这样一来，浮力与船自身的重量相平衡，船就会浮在水面上了。

船的重量大于浮力就会沉没

用钢铁制成的船，想来一定非常重。然而，由于船是中空的，所以虽然体积很大，但还是能浮在水面上。但是，如果装了许多人或者货物，或者船里进了水，就会导致船的重量超过浮力，最终使其沉没。

因此，为了防止超载，在船的侧面一般会画一条“满载水线”。如果由于超载，这条线已经没入水中，就说明船沉没的风险变大了。

水会对浮在上面的船产生与被推开的水重量相同的浮力。

重力

浮力

满载水线

满载水线随季节和海域不同而变化。

TF：热带淡水
F：夏季淡水
T：热带
S：夏季
W：冬季
WNA：冬季北大西洋

TF F T S W WNA

要点在这里!

水会对浮在上面的船产生与被推开的水重量相同的浮力，因此，船才能浮在水面上。

小测验 为了防止装载过量的人或货物，在船体上画的线叫什么?

第34页问题答案 S波

1月19日

飞鱼是一种鱼，为什么能飞起来呢？

阅读日期（　年　月　日）（　年　月　日）（　年　月　日）

生命 鱼类

利用巨大的胸鳍

你知道有一种叫作“飞鱼”的鱼吗？这是一种能够从水中跃起，在水面上飞的鱼。

飞鱼的平均飞行距离为100～300米，飞行高度约2米，有时，其飞行距离甚至长达400米，飞行高度最高能达到10米。平时在水中游来游去的鱼，为什么能飞起来呢？秘密就藏在它巨大的胸鳍里。

飞鱼家族的成员，都拥有巨大的胸鳍，能够像翅膀一样展开飞翔。有些种类的飞鱼不仅拥有胸鳍，还能展开巨大的腹鳍。但是，它们的鳍并不能像鸟类的翅膀一样上下挥动，因此，只能在水中全力“助跑”之后，才能跃出水面。据说，飞鱼“助跑”时的时速可以达到70千米。

此外，飞鱼跃出水面时，尾鳍的下半部分会强有力地左右摇摆，通过这种拍打水面的动作，进一步延长飞行距离。当飞行速度下降，身体接触到水面时，它们会重复上述动作。

减轻身体的重量

飞鱼之所以能飞起来，还有一个秘密。在飞鱼的体内，没有用于消化食物的“胃”（鲤鱼等鱼类也是这样）。虽然飞鱼体内有一种用于运输食物、被称作“消化管”的器官，但是其长度也较其他鱼类的更短，且呈直线形。此外，飞鱼的骨头基本都是中空的。这样一来，尽可能减轻了自身的重量，飞鱼才能够最终飞起来。

要点在这里！

飞鱼利用巨大的胸鳍或腹鳍在水面上飞翔。

飞鱼的飞行方式也被叫作“滑翔”。

满载水线 第35页问题答案

小测验 飞鱼把什么当作翅膀来用？

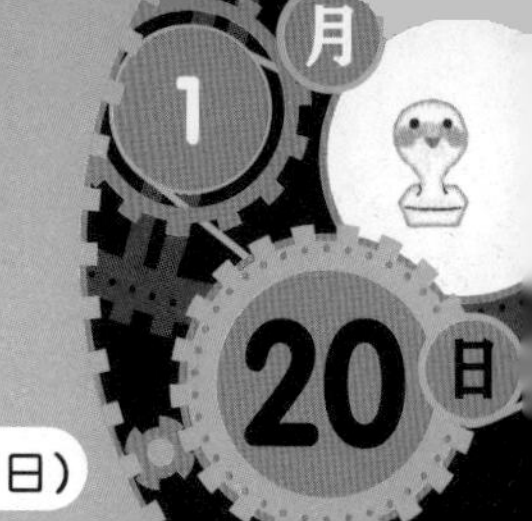

雨和雪有什么不一样?

阅读日期(　　年　　月　　日)(　　年　　月　　日)(　　年　　月　　日)

随气温变化的雨和雪

从天空中飘下的雨和雪，原本是同一种物质。

空气中肉眼看不到的水蒸气被吹到高空，遇冷后凝结成水滴。这些水滴聚集在一起，就形成了肉眼能看到的云（→p.244）。在高空中，由于空气较冷，云里的水珠就会凝结成冰粒。

这些冰粒藏在云里，被向上的气流吹动而上下飘移的过程中，又包裹了其他的水蒸气，并逐渐变大。

冰粒变大后重量也将变大，最终会因为再也飘不动而落下。在下落的过程中，如果温度在0℃以上，冰粒就会融化成雨；在0℃以下，就不会融化，落下的就是雪。

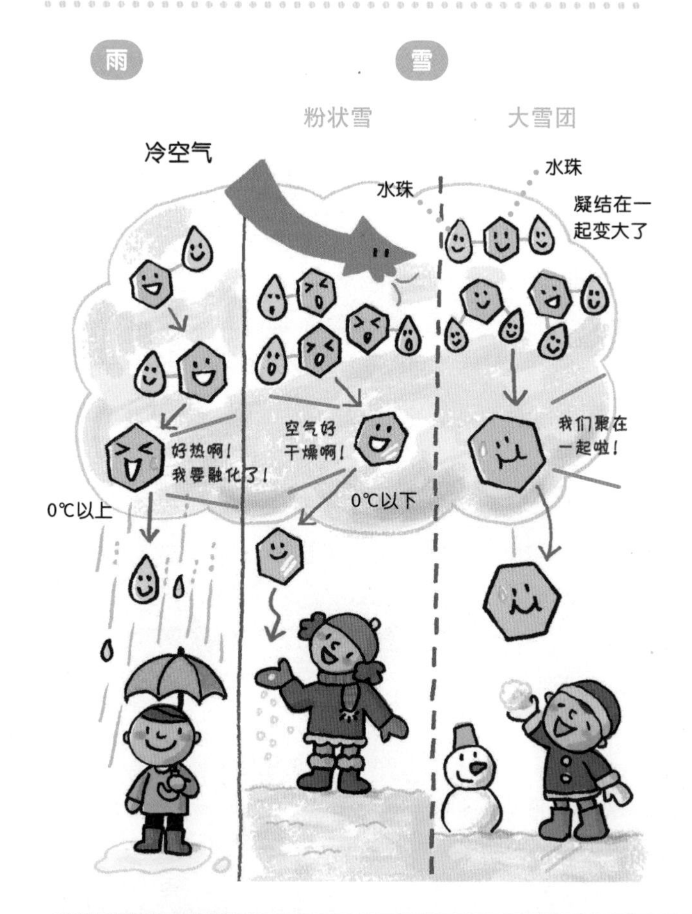

清爽的雪，黏黏的雪

没有融化而直接落在地上的雪粒，也会由于空气状态的不同，在大小和性质方面呈现出不同的形态。

质地清爽的“粉状雪”，出现在寒冷且空气干燥时，是直径2毫米左右的较为细腻的雪粒。

与之相对，当气候较为温暖且空气湿润时，就会出现黏黏的“大雪团”。有些雪团的直径甚至能达到3～4厘米。

要点在这里！

雨和雪原本都是藏在云里的水珠，在下落过程中，发生融化的是雨，没有融化的就是雪。

小测验　寒冷且空气干燥时下的是什么样的雪？

第36页问题答案　胸鳍

撒盐可以帮助雪融化吗？

阅读日期（　　年　　月　　日）（　　年　　月　　日）（　　年　　月　　日）

盐水不易结冰

下雪时，人们会在路上撒一些盐。为什么要这样做呢？

水是由一种叫作“水分子”的小珠子聚集在一起形成的。当水处于液体状态时，水分子可以自由移动。然而，当水温变为0℃时，水分子就会牢牢结合在一起，排列得整整齐齐。此时，水就变成了冰，处于固体状态。

但是，在水里加入盐后，盐粒会混入水分子中，水分子就很难再排列整齐了。这样，即使在0℃的状态下，水也不会结冰。根据加入水中的盐量不同，盐水最低达到－12℃才开始结冰。

如上所述，虽然水和盐水同属于液体，但二者结冰的温度（冰点）有着很大的差异。

用盐来降低雪的温度

盐具有易溶于水的性质。将盐撒在含有水分的雪上，会使盐溶于水，变成盐水。

盐融化时，需要从周围的雪中吸收热量，因此，会降低周围的雪的温度。也就是说，即使气温在－5℃左右，雪的温度也会比气温更低，从而产生温差。由于热量会从温度较高的地方向温度较低的地方转移，因此，利用周围大气中的热量，就可以让雪融化。

这样一来，变成了盐水的雪由于结冰温度下降，即使在半夜和黎明时分气温下降时，也几乎不会结冰。因此，在下雪前和下雪过程中撒一些盐，就不用担心雪会结成冰导致路滑了。

要点在这里！

向雪上撒盐，会形成盐水。此时，被吸走了热量的雪会利用大气中的热量融化。

用盐使雪融化的原理

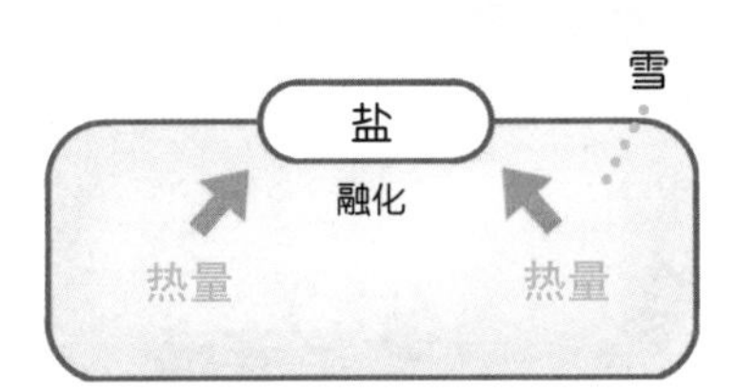

①向含有水分的雪上撒盐，盐会从周围的雪中吸收热量，融于水中，形成盐水。

②周围的雪被吸走了热量，温度下降。

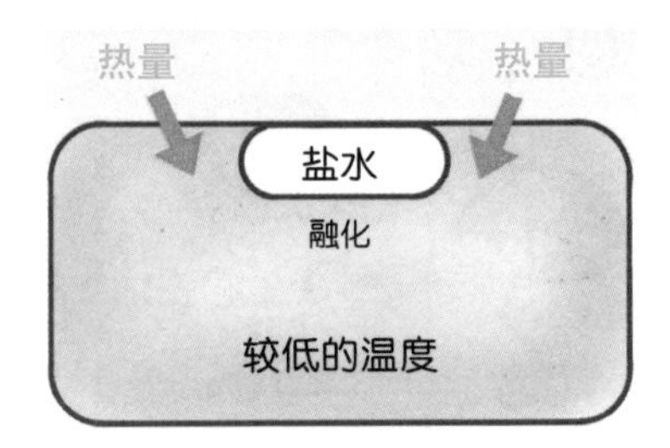

③雪的温度低于气温，就会利用大气中的热量融化。

第37页问题答案　粉状雪

小测验　要让盐水结冰，最低需要零下多少摄氏度？

太阳也有活跃期和非活跃期！

太阳黑斑·太阳黑子

在我们看来，太阳每天都是一样的，高高挂在天空中，发出耀眼的光芒。然而实际上，太阳大约以11年为一个周期，循环着其活跃时期（极大期）和不太活跃的时期（极小期）。

太阳的活动是否活跃，标志之一就是“太阳黑子”的数量。所谓太阳黑子，是指位于太阳表面、看上去像黑色斑块一样的区域。太阳表面的温度约为6000℃，而太阳黑子区域的温度约为4000℃。由于温度低于其他区域，因此，太阳黑子看上去要显得稍暗一些。

太阳活动较为活跃时，能够看到很多太阳黑子。但当太阳活动不那么活跃时，太阳黑子的数量就会变少，有时候甚至会完全消失不见。

位于太阳表面，像黑色斑块一样的区域就是太阳黑子。该区域的温度较其他区域要低2000℃左右。

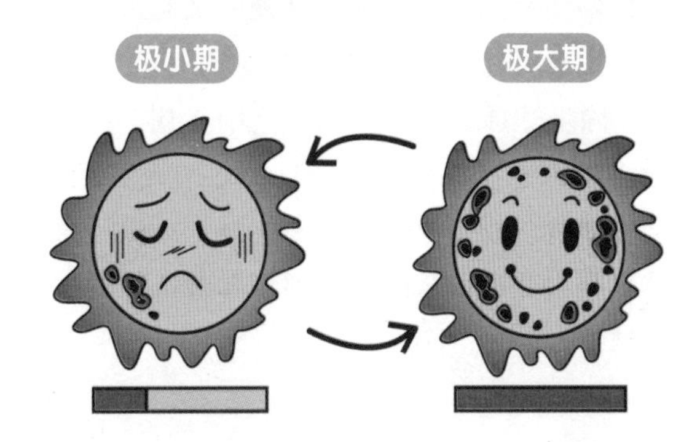

太阳黑子数量较少的时期，也是太阳活动不那么活跃的时期。

太阳黑子数量较多的时期，也是太阳活动较为活跃的时期。

太阳黑子形成的原因

那么，太阳黑子究竟是如何形成的呢？实际上，它的形成与太阳的“磁力”（磁场的力量）有关。

当太阳的活动变得活跃时，其内部的气体流动也会变得活跃，容易产生较强的磁场。

要点在这里！

太阳的活动分为活跃时期和不太活跃的时期，太阳黑子的数量是其标志之一。

一旦磁力变强，指示磁力作用方向的“磁力线”束就会浮现在太阳表面，随后再返回太阳内部，而它们的出入口就是太阳黑子。

因此，在太阳活动较为活跃时，太阳黑子的数量就会变多。

第38页问题答案 −12℃

小测验 太阳活动活跃和不太活跃的时期，大约以多少年为一个周期？

为什么小鸟能飞起来，人却不能？

阅读日期（　　年　　月　　日）（　　年　　月　　日）（　　年　　月　　日）

轻盈的身体和发达的肌肉

鸟之所以能在空中飞翔，是因为它们有着大大的翅膀。人类没有翅膀，所以即便试着像鸟儿那样扇动双臂，也无法飞上天空。

此外，为了能在空中飞行，鸟类的身体都十分轻盈。其原因就在于它们的骨骼几乎是中空的。然而人类的骨骼却有着极高的密度，因此身体较重。

除此之外，鸟类用于扇动翅膀的胸肌也非常发达。而人类由于身体远远重于鸟类，所以即便有翅膀，想要扇动翅膀飞起来，大概也需要相当发达的肌肉才能做到吧。

除上述原因，鸟类能在空中飞翔，还有很多的因素。举例来说，鸟类吃过食物后，会立即将食物变成粪便排出体外，以保证身体不会由此变重，而人类则不具备这样的生理结构。

鸟类的各种飞行方式

在鸟类当中，有的是用张开翅膀的方式飞行的，如鸳、鹰、海鸥等，都属于这一类。这些鸟借助风的力量，翅膀几乎不动就能实现飞行。这种飞行方式叫作“滑翔”。

与此相反，还有一些鸟必须要靠快速扇动翅膀，才能停留在空中。据说，其中的代表蜂鸟，每秒要扇动翅膀20～70次。蜂鸟的这种飞行方式被称为“悬停”。

要点在这里！

人类没有像鸟类那样轻盈的身体和大大的翅膀，胸部肌肉也不够发达，因此无法飞起来。

第39页问题答案 三年

小测验 几乎不扇动翅膀就能飞的鸟，它们的飞行方式叫什么？

在太阳系其他的行星和天体上也有火山！

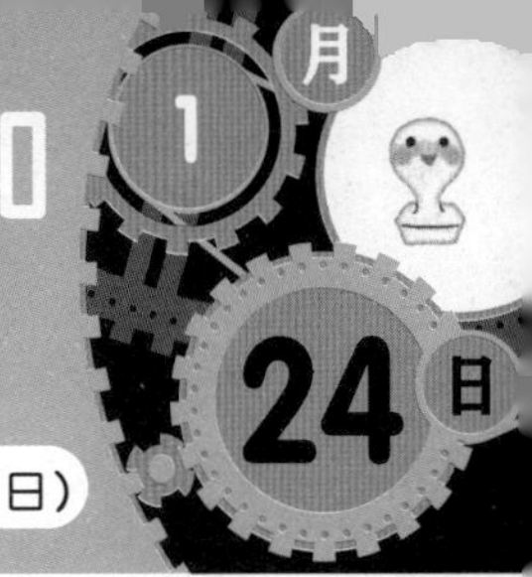

阅读日期（　　年　　月　　日）（　　年　　月　　日）（　　年　　月　　日）

位于太阳系的火山

在我们居住的地球上，有许许多多的火山。并且，目前我们已经了解到，不仅在地球上，在火星、金星等太阳系的其他行星上，也都存在着巨大的火山。

在火星的赤道附近，位于塔尔西斯高原的奥林帕斯山，高度约为27,000米，相当于富士山的7倍，在太阳系中属于较大的火山。奥林帕斯山的整体直径长达700千米，足够把日本的半个本州岛放入其中。

科学家认为，奥林帕斯山的活跃期在距今数千万年前。之所以形成了如今这样巨大的规模，是因为长时间在同一地点喷出熔岩，日积月累导致的。

此外，在金星上，有高度约为8000米的马特山。

位于火星上的奥林帕斯山

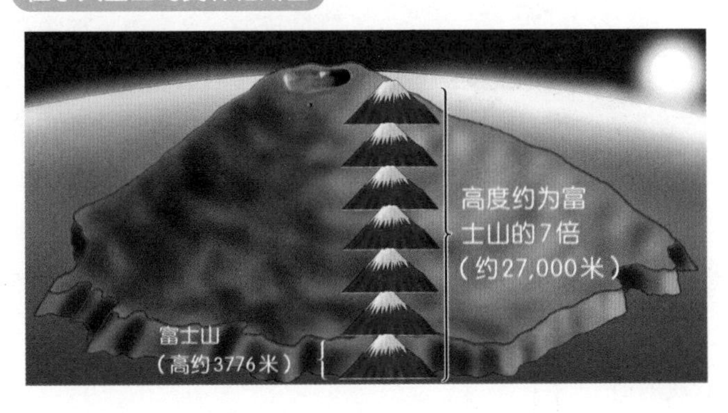

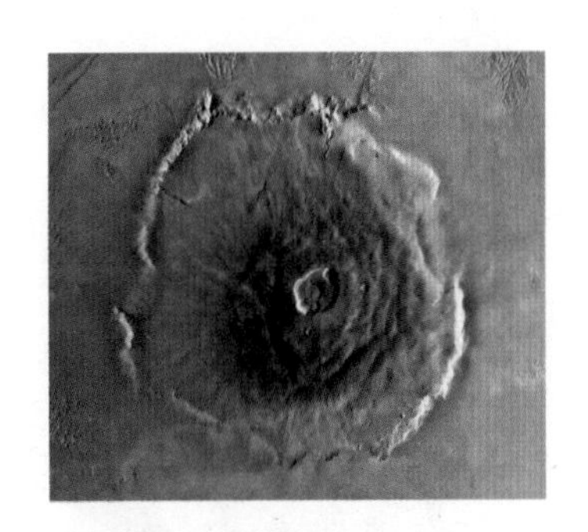

从空中俯瞰奥林帕斯山

至今仍处于活跃期的火山

现在，虽然奥林帕斯山已经不再活跃了，但在围绕木星运动的天体“伊奥（木卫一）”上，存在着至今仍处于活跃期的火山。

伊奥位于距离木星最近的位置，受到来自木星的强烈引力。这种力量能够拉近天体之间的距离，在距离伸缩时产生的能量会转化为热量，使天体内部的岩石熔化。而这些熔化了的岩石就会变成火山喷发时喷出的熔岩。

伊奥上的火山喷出的物质最终成了木星的光环。

在太阳系中，至今仍能观测到火山活动的只有地球和伊奥。

要点在这里！

在火星上，有高度相当于富士山7倍的巨大火山。

第40页问题答案
滑翔

小测验 火星上高达27,000米的巨大火山叫什么名字？

为什么太阳照到的地方很暖和？

阅读日期（　　年　　月　　日）（　　年　　月　　日）（　　年　　月　　日）

温暖身体的光

在寒冷的冬日，虽然背阴处非常寒冷，但是到了阳光下，就会感到非常暖和。为什么在阳光下比在背阴处更暖和呢？这都要归功于太阳光。

在太阳光中，有一种肉眼看不到的、名为“红外线”的光线，它具有照到物体上就会产生热量的功能。因此，太阳光照在我们身上，在红外线的作用下，身体就会暖和起来。

空气也会让身体觉得温暖

太阳光不仅会让我们的身体变得温暖，也会让地面变得温暖。被阳光晒得热乎乎的地面又会让周围的空气变得温暖。人站在阳光下，不仅可以把身上晒得暖暖的，而且由于空气也是温暖的，所以从身体里散发出去的热量较少，会觉得更加暖和。

目前，地球的年平均气温为15℃左右。地球之所以能保持对人类而言适宜居住的温度，全靠太阳光的作用。因此，如果没有了太阳，地球的温度就会急剧下降，使其变成一个生物无法生存的世界。

太阳照射的地方

要点在这里！

红外线具有照在物体上产生热量的功能，因此，被阳光照射的地方都很温暖。

第41页问题答案
奥林帕斯山

小测验　太阳光中有一种照在物体上就会产生热量的光线，它叫什么名字？

动物吃的食物不同，牙齿的形状也不一样！

阅读日期（　　年　　月　　日）（　　年　　月　　日）（　　年　　月　　日）

食肉动物的牙齿与食草动物的牙齿

仔细观察就会发现，动物的牙齿大小和形状各不相同。这是由于它们平常所吃的食物不同造成的。

狮子、狼等属于靠吃其他动物的肉为生的食肉动物。因此，为了杀死其他动物，食肉动物都长着巨大的“犬齿”。此外，为了将猎物的肉撕碎，食肉动物的“臼齿”都非常尖锐、锋利。

另一方面，像斑马这种靠吃植物为生的食草动物，有着巨大的“门齿（前牙）”，便于咀嚼草等植物。此外，食草动物的臼齿较平，形状类似捣年糕用的“臼”，方便将咀嚼后的草或果实磨碎。

但是，虽然同样是食草动物，牛和长颈鹿等动物的上颚处却没有门齿，而是有一块平坦、坚硬的肉。对于位于下颚、起到“菜刀”作用的门齿而言，它们的上颚就像一块菜板。

并且，牛和长颈鹿有一个习惯，就是将已经咽下去的食物再反送回嘴里重新咀嚼，久而久之，它们长有门齿和臼齿的下颚就变得又长又大，非常有力。

杂食动物的牙齿

猴子和人类都属于既吃肉也吃植物的杂食性动物，牙齿同时具备食肉动物和食草动物的特点，大小基本上是均匀的。不过，根据饮食习惯中肉和植物哪一种吃得比较多，杂食动物的牙齿偏向食肉动物或食草动物的特点也会更加明显。

要点在这里！

以吃动物肉为生的食肉动物、以吃植物为生的食草动物，以及两类食物都吃的杂食动物，它们牙齿的大小和形状各不相同。

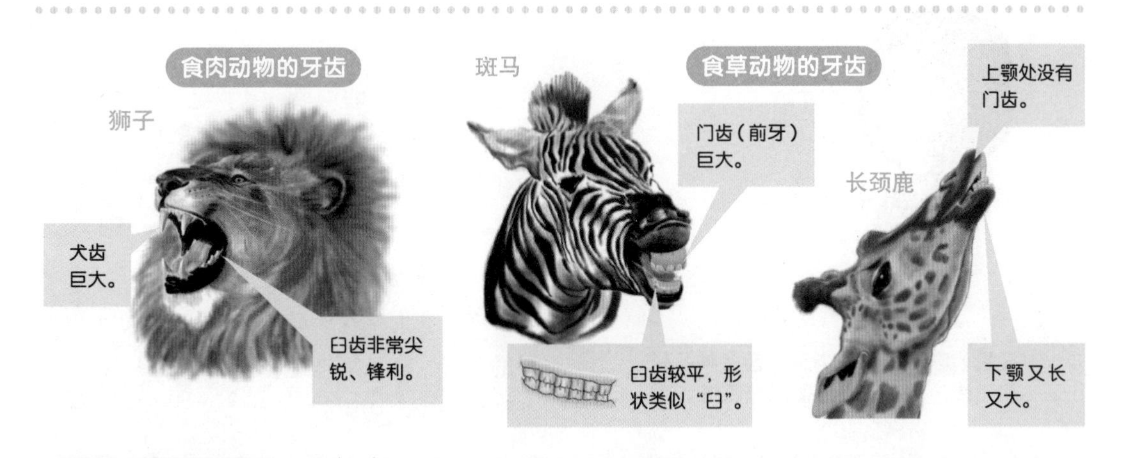

第42页问题答案 红外线

小测验 在食肉动物、食草动物和杂食动物中，哪一种有着巨大的犬齿？

空气是由什么构成的?

阅读日期（　　年　　月　　日）（　　年　　月　　日）（　　年　　月　　日）

各种气体的集合

我们是靠呼吸空气而生存的。空气并不是一种单一的气体，而是各种气体混合在一起形成的。

举例来说，人类呼吸和物体燃烧所需要的氧气，在空气中所占的比例约为21%。

在空气的成分中，占比最高的是氮气（约78%）。氮气与人类呼吸和物体的燃烧无关，但它具有保持物体性质不变的特性，可以加以利用。

在我们的日常生活中，氮气被充入装食物的袋子或铝罐中，能起到帮助食物保持品质和新鲜程度的作用。

可以说，氮也是我们日常生活中不可缺少的元素。

除此之外，空气中还含有氩、二氧化碳、氦、氢等气体。

构成空气的物质

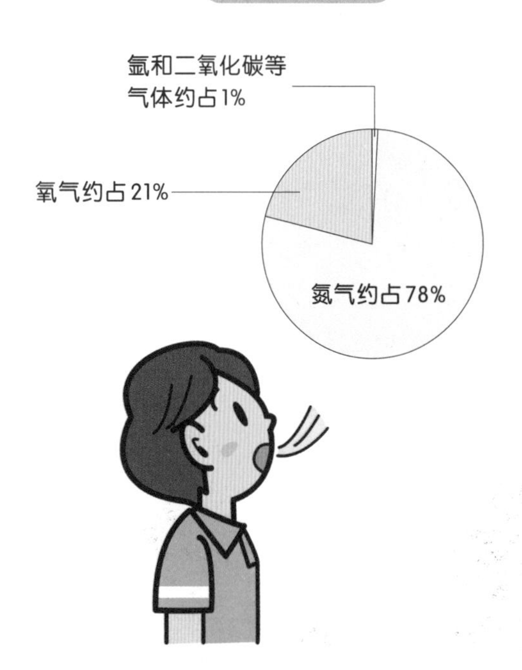

在我们呼吸的空气中，包含各种各样的气体。其中含量最多的是氮气。

产生氧气的物质

那么，空气是从什么时候开始出现在地球上的呢?

空气是在距今46亿年前，随地球的诞生而同时产生的。从地球内部散发出来的气体就是空气产生的基础。但是，当时的空气被称为“原始大气”，主要成分是二氧化碳、氮和水蒸气，并不含有氧气。

氧气是在距今大约27亿年前，地球上开始出现海洋的时候产生的。诞生于海里的生物利用光合作用（→p.404），吸入二氧化碳，释放出氧气。这样一来，我们生存所必需的氧气，就从海洋逐渐扩散到大气中了。

要点在这里！

空气大约是由78%的氮气、21%的氧气、1%的氩气和二氧化碳等气体构成的。

小测验 有一种气体，对于人类生存而言必不可少，但是在地球诞生之初的空气当中却并不存在，这是什么气体?

第43页问题答案 食肉动物

大树究竟可以长到多大？

阅读日期（　年　月　日）（　年　月　日）（　年　月　日）

巨杉与高楼

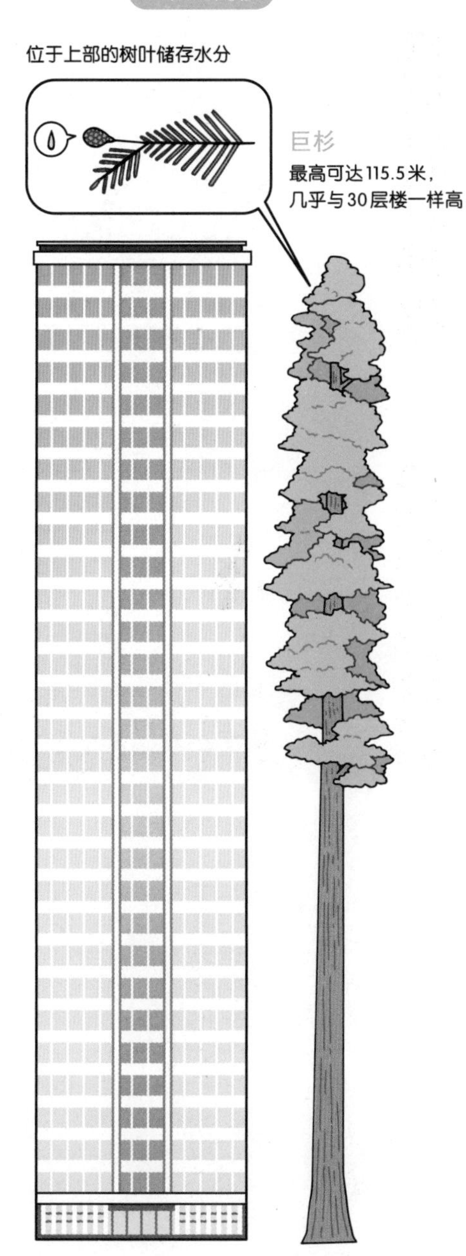

世界上最大的树

树有很多不同的种类，高度也各不相同。目前，世界上最大的树，是生长在美国加利福尼亚州的一种叫作“巨杉”的树木。巨杉最高可达115.5米，相当于30层楼那么高，树干直径约有5米。

如此庞大的巨杉，实际上还很年轻，据测算，它仅相当于人类20岁左右的年龄。因此，它有可能还会长得更高、更大。

上面的树叶储存水分

一般树木会将从根部吸收的水分运送到树叶处，用于制造养分。然而，从树根处经过约100米的距离向上运输水分，是一件很不容易的事情。

因此，像巨杉这种体积庞大的树木，位于上部的树叶会从雨水和雾气中大量吸收和储存水分，以防止缺水。而且，在位于上部的树叶中，用于从根部向上运输水分的组织也变少了。日本的一种叫作“秋田杉”的树种也具有同样的构造。

要点在这里！

巨杉是世界上最大的树木，高度大约与30层楼相同。

第44页问题答案 氧气

小测验　世界上最大的树木，是哪一种树？

南极和北极，哪个更冷？

阅读日期（　年　月　日）（　年　月　日）（　年　月　日）

陆地和海洋的冷是不一样的

南极和北极，虽然都是冰雪世界，但气温的差别却很大。北极的平均气温是-25℃，而南极的平均气温则是-60℃～-50℃。为什么南极更冷呢？主要原因有两个。

第一，南极主要是由陆地构成的，而北极主要是由海洋构成的。虽然海面上覆盖着冰块，但是南极大陆基本都被冰雪覆盖。与海洋相比，陆地更容易变冷。

第二是海拔的不同。北极的海拔最高处只有10米左右，而南极的平均海拔是2000米，是所有大陆中平均海拔最高的地区。

海拔每上升100米，气温就会下降约0.6℃。因此，海拔较高的南极要冷得多。

在南极和北极不会感冒？

在寒冷的南极和北极，看上去似乎很容易感冒，然而事实却恰恰相反。

导致感冒的罪魁祸首病毒（→p.30）主要是通过人来传播的。然而在南极和北极，很少有人居住，病毒几乎没有传播的途径。因此，很难得感冒。

但是，在南极或北极长时间生活后，再回到自己的国家，就会变得很容易感冒。因为在没有病毒的环境中生活久了，身体对抗病毒的能力就会下降。

北极

南极

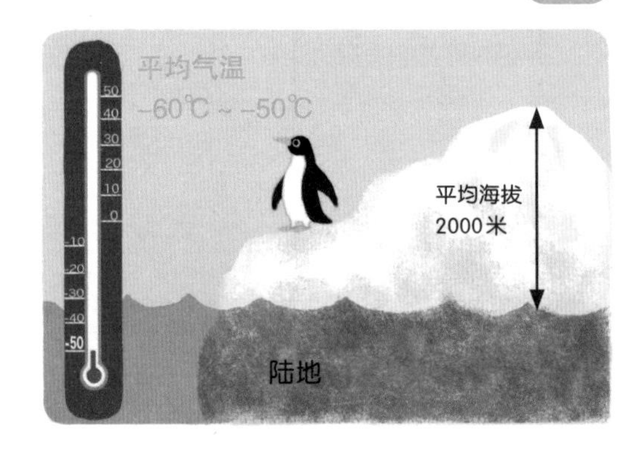

要点在这里！

南极主要是陆地，并且比北极的海拔高很多，因此比北极冷得多。

巨杉 第45页问题答案

小测验 南极的平均气温是多少？

□香糖之所以不易腐烂，全是糖的功劳！

阅读日期（　　年　　月　　日）（　　年　　月　　日）（　　年　　月　　日）

食物为什么会腐烂

食物为什么会腐烂呢？导致食物腐烂的罪魁祸首，是一种肉眼看不到的名为“细菌”的微小生物。进入食物中的细菌，会将食物作为自己的营养来源，大量繁殖。并且，细菌还会将不需要的废物“吐”出来。其结果就是食物会散发出难闻的气味，颜色也会发生变化，变得令人们感到不快，这种变化被称为“腐烂”。

砂糖的作用

细菌想要让食物腐烂，需要三个必要条件：第一个是适宜的“温度”；第二个是存在于我们周围空气中的“氧”；第三个是大多数食物都含有的“水分”。

为了避免细菌利用水分，可以在果酱中加入砂糖。砂糖能起到吸收食物中所含水分的作用。被砂糖吸走的水分会附着在砂糖上，导致细菌无法利用食物中的水分。此外，加入了大量砂糖的果酱，其中的浓糖水会“抢”走细菌中所含的水分，导致细菌无法生存下去，从而使得食物不易腐烂。

要点在这里！

砂糖会吸收食物中含有的水分，防止食物腐烂。

第46页问题答案 -60℃～-50℃

小测验 细菌想要让食物腐烂，需要具备哪三个条件？

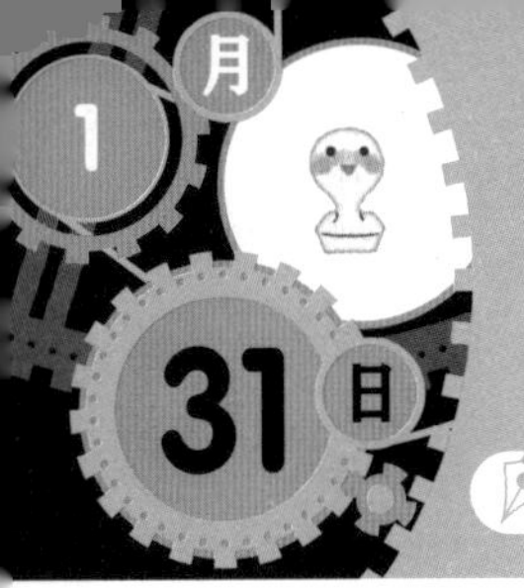

宇宙飞船无法在木星上着陆！

阅读日期（　　年　　月　　日）（　　年　　月　　日）（　　年　　月　　日）

木星是由什么构成的?

木星是太阳系中最大的行星。其直径约为地球的11倍，体积约为地球的1320倍，重量约为地球的320倍。与体积相比，木星的质量并不是很大。这是由于木星是由氢、氦等质量较轻的气体构成的气态行星。

在木星的成分中，氢约占90%，氦约占10%，且其表面上没有像地球一样的地面。因此，即使宇宙飞船能飞向木星，也没有地方可以着陆。

在木星周围，环绕着厚度约1000千米的大气层。从木星表面所能看到的条纹图形来看，大气层就好像飘浮在木星上空的云一样。

在木星的大气层下面，是一层呈液体状态的液态氢（厚度约为20,000千米）。再下方，是一层像金属一样的金属氢（厚度约为40,000千米）。在木星的中心，有由岩石构成的内核，如果要去那里，在木星的强大压力下，宇宙飞船会被损坏。

太阳系的三种行星

在太阳系的行星中，木星和土星几乎全部是由气体构成的。这两颗行星被称为“类木行星（气态巨行星）”。除此之外，太阳系中还有其他两类行星：一类是主要由岩石构成的“类地行星”，如水星、金星、地球和火星都属于这一类；余下的天王星和海王星原来曾经被划分到“类木行星”中，但是现在，人类将这种以水、甲烷和氨为主要成分的冰构成的行星称为“远日行星（冰巨星）”。

要点在这里！

由于木星几乎全部由气体构成，因此，宇宙飞船无法在此着陆。

第47页问题答案　适宜的温度，氧气，水分

小测验　木星和土星属于哪一类行星？

2月故事

液晶电视的工作原理是什么？

阅读日期（　年　月　日）（　年　月　日）（　年　月　日）

信号乘着电波被输送到千家万户

电视机里播出的节目，首先被分解成每秒30帧的静态图像，再将其转换为用很多个“0”和“1”来表述的“数字信号”，然后这些信号乘着电波，通过天线发送到千家万户。用于接收信号的天线接收到这些信号后，会将它们输送给电视机，然后再次将其解码成图像，以每秒30帧的速度播出。

液晶电视改变了光的通过方式

在液晶电视内部，有从后方发出光的光源，在光源前面安装了电流通过所需要的“液晶面板”。根据电流的方向不同，有些光能够通过，有些则无法通过，这是液晶面板的特性。

在液晶面板前方，安装有红色、绿色和蓝色的显像管。之所以选择这三种颜色的显像管，是因为利用这三种颜色能够组合出各种各样的颜色。举例来说，想要显示出黄色，就让光通过红色和绿色的显像管。如果用放大镜将液晶画面放大观察，就会发现所有的颜色都是由这三种颜色组合搭配产生的。

在画面中，液晶面板上的电流会配合接收到的信号发生变化，从而产生各种各样的颜色组合。另外，还可以根据信号的强弱，体现出细微的颜色差别。这样，利用通过彩色显像管的光，就能在屏幕上展现出各种各样的颜色，构成我们所看到的图像了。

要点在这里！

液晶电视会配合电视台发出的数字信号，控制液晶面板，产生图像。

彩色显像管

光源

红色

黄色

淡蓝色

白色

液晶面板

液晶电视

从光源发出的光，只通过红色显像管就会显示红色；如果同时通过红色和绿色显像管，就会显示黄色；如果同时通过绿色和蓝色显像管，就会显示淡蓝色；如果同时通过三种颜色的显像管，就会显示白色。

类木行星 第48页问题答案

小测验 用于电视机画面，通过改变电流方向从而改变光的通过方式的面板叫什么？

海狮、海豹和海狗有什么区别？

阅读日期（　　年　　月　　日）（　　年　　月　　日）（　　年　　月　　日）

海狮（海狮科）

利用拍打前肢的方式游泳

跳跃式前进

海豹（海豹科）

像鱼一样游泳

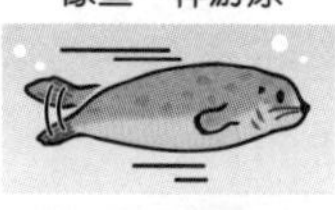

像青虫一样匍匐前进

海狗（海狮科）

海狮的体毛是由1根长毛和5根短毛组成一束，而海狗的体毛是由每束约50根短毛组成的。

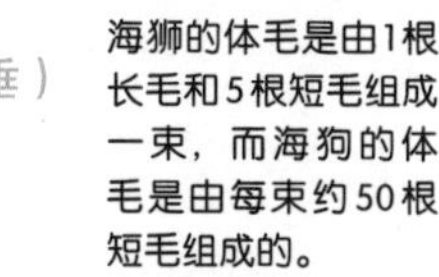

海狮和海豹的区别

在海洋馆里常常会看到的海狮和海豹，都是生活在海里的哺乳动物。而且，它们都能爬上陆地，在陆地上育儿。海狮和海豹看上去很相似，但其实还是有一些不一样的地方。海狮属于鳍足目、海狮科，海豹属于食肉目、海豹科，它们分属于不同的目、科。

首先，海狮是利用巨大的前肢，采取类似拍打翅膀的方式游泳的。在陆地上，海狮会利用前肢支撑起上半身，采用四肢跃起的方式前进。

而海豹则是利用粗壮的后肢，像鱼一样在水里游来游去。而且，由于前肢比后肢要小得多，海豹们只能像青虫一样匍匐着前进。

另外，海狮的耳朵有“外耳”，也就是突出的耳垂；而海豹没有外耳，只有耳洞。

海狗是海狮的同类

海狗属于海狮科，是海狮的同类。因此，海狗看上去与海狮非常相似。但仔细观察就会发现，海狗的体毛非常多。海狮的毛是由1根较长的毛和5根较短的毛组成一束，而海狗的毛则是由每束约50根的短毛组成。这样的体毛可以帮助海狗在冰冷的海水里保持体温。

以前，人类经常垂涎于这种保暖性能出色的毛皮，但现在有了法律的保护，不允许人们再为了获得毛皮而捕杀海狗了。

要点在这里！

海狮和海豹在游泳方式、陆地上的前进方式和耳朵上有区别。海狗属于海狮的同类，但体毛比海狮茂盛。

第50页问题答案　液晶面板

小测验　使用前肢拍打着游泳的是海狮还是海豹？

三角龙的颈盾是用来做什么的?

阅读日期（　年　月　日）（　年　月　日）（　年　月　日）

在敌人面前保护重要的头部

距今约1.5亿年到6600万年前，在繁盛的恐龙群体中，有一种叫作“三角龙”的植食性恐龙。

三角龙也被称为“角龙（ceratops）”。这个词是由“cerat（角）”和“tops（顶部）”组合而成的合成词。此外，三角龙（triceratops）名字里的“tri”是数字“3”的意思，表示它有三只角。

角龙的特点之一，就是位于头部后方的“装饰物”（颈盾）。对于角龙为什么会长出颈盾，至今仍没有一个准确的解释，只有几种假说。

例如，有一种说法认为，为了在肉食性恐龙面前保护自己，角龙用巨大的颈盾威吓甚至吓跑敌人，从而保护自己的头部，达到防御的目的。

还有一种说法认为，这是雄性角龙用来吸引异性的“道具”。从角龙化石上可以看出，颈盾似乎能够引起同类的注意，因此，有研究者认为，在划定地盘或者争夺雌性角龙时，颈盾会起到一些作用。

在与肉食性恐龙搏斗时，颈盾也许起到了威吓对方、保护自己的作用？

雄性角龙用巨大的颈盾吸引雌性角龙？

不断成长的颈盾

目前，我们找到了大量角龙的化石，其中包括许多幼年角龙。在尝试从中找出颈盾的发育规律时，我们发现，幼年角龙的颈盾较小。由此可以断定，角龙的颈盾是随着年龄增长而不断变大的。

要点在这里！

有观点认为，角龙的颈盾可以保护自己；还有人认为，雄性角龙的颈盾可以起到吸引雌性注意的作用。

第51页问题答案 海狮

小测验 三角龙是植食性恐龙，还是肉食性恐龙？

为什么每个人的声音都不一样？

阅读日期（　年　月　日）（　年　月　日）（　年　月　日）

生命 人体

制造出声音产生共鸣

人类的声音，是从位于喉咙深处，一个叫作“声带”的部位发出的。

声带是位于喉咙壁上左右各两个的皱襞。发声时用到的是位于下方的两个皱襞。这两个皱襞被称为“声带皱襞”。

呼吸时，声带皱襞会张开；发出声音时，声带皱襞会闭合。人想要发出声音时所吐出的气息，会使闭合的声带皱襞产生振动，从而制造出声音。

然而，此时制造出来的声音并不是我们最终发出的声音。声带制造出的声音需要利用声带皱襞的振动幅度，才会变成我们嘴里发出的声音。

由于人类的面部形态不同，声带的形状、从喉咙到口腔的空间，以及鼻腔内空间的形态也不尽相同。此外，说话时要用到的嘴唇和舌头等部位的形态也存在差别。因此，每个人的声音听起来都不一样。

调节声音大小和音量的高低

我们平时是利用声带对声音的大小和音量的高低进行调节，并发出声音的。

想要发出较高的音量时，声带皱襞会变短，皱襞快速振动。与此相反，想要发出较低的音量时，声带皱襞会变长，皱襞的振动速度也会变慢。

此外，想要发出很大声音的时候，吐出的气息较为强大，声带皱襞的振动幅度也会随之变大；当吐出的气息较弱时，声带皱襞的振动幅度较小，发出的声音也会随之变小。

要点在这里！

由于声带的形状、从喉咙到口腔的这段空间，以及鼻腔内空间的形态存在差异，因此，每个人的声音听起来都不一样。

向下俯视看到的声带

声带皱襞

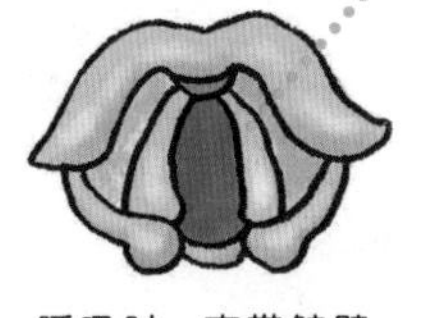

呼吸时，声带皱襞会张开。

发出声音时，声带皱襞会闭合。

声音的产生原理

气息令闭合的声带皱襞产生振动从而发出声音。声音在从喉咙到口腔的这段空间，以及鼻腔内空间里产生共鸣后最终发出。

啊！

声带（声带皱襞）

小测验　位于喉咙深处，能够制造出声音的部位叫什么？

第52页问题答案　植食性恐龙

为什么麦克风可以让声音变大？

阅读日期（　年　月　日）（　年　月　日）（　年　月　日）

距离越远声音越小

在宽敞的体育馆和操场上听校长讲话时，如果校长用正常的音量讲话，那么距离校长比较远的人常常会听不清。

声音是以空气振动的形式传播，并最终抵达我们耳畔的。但是，空气的振动在传播过程中会逐渐变弱，因此，远处的人会经常听不清。

麦克风让声音变大的工作原理

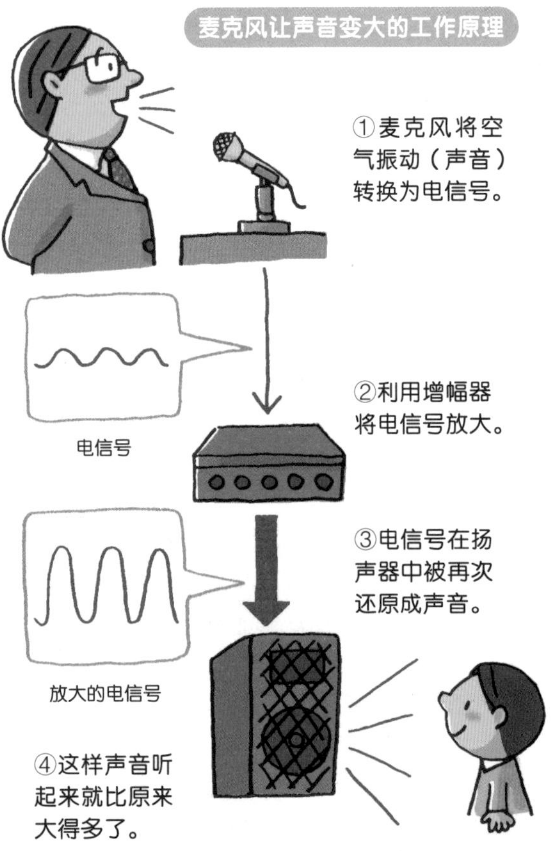

遇到这种情况，麦克风和扬声器就派上了用场。用麦克风可以让声音变大，变大的声音再通过扬声器传出去，就会让远处的人也能听得到。为什么麦克风可以让声音变大呢？

将声音转换成电信号

麦克风其实是一种信号转换装置，电流通过位于其中的磁铁和线圈（用铜线缠绕数十次而做成的零件），将空气振动转换为电信号。

我们知道，当空气振动变大时，声音也会随之变大，但要想将空气振动原封不动地放大并不是一件容易的事情。于是，人们先把它转换成电信号，然后利用一种叫作增幅器的装置将电信号放大。

放大后的电信号被输送给扬声器，然后将电信号还原为空气振动。这样一来，通过传输放大后的空气振动，从扬声器里就能听到更大的声音了。

要点在这里！

利用麦克风将声音转换成电信号，再使用增幅器将电信号放大，从扬声器里就会传出放大后的声音。

第53页问题答案　声带

小测验　麦克风将空气振动（声音）转换成了什么信号？

砂糖是从各种不同的植物中提取出来的！

阅读日期（　　年　　月　　日）（　　年　　月　　日）（　　年　　月　　日）

砂糖是天然的甜味剂

吃蔬菜或水果时，会感觉到有甜甜的味道。砂糖的基本成分“蔗糖”，就是一种来自植物的、天然的甜味剂。

植物接收太阳光的照射后，会为自己蓄积养分。在这些养分中，就包括作为砂糖基本成分的蔗糖。

也就是说，砂糖是从制造和蓄积了大量蔗糖的植物中提取出来的。

在日本，生产砂糖使用最多的原料是甘蔗和甜菜（甜萝卜）。甘蔗生长在温暖地区，在茎部蓄积蔗糖。与此相反，甜菜生长在寒冷地区，具有一个类似萝卜的粗大根茎，里面蓄积蔗糖。

除此之外，在国外，糖枫、桄榔等植物也被用作制糖的原料。

能够提取糖分的植物

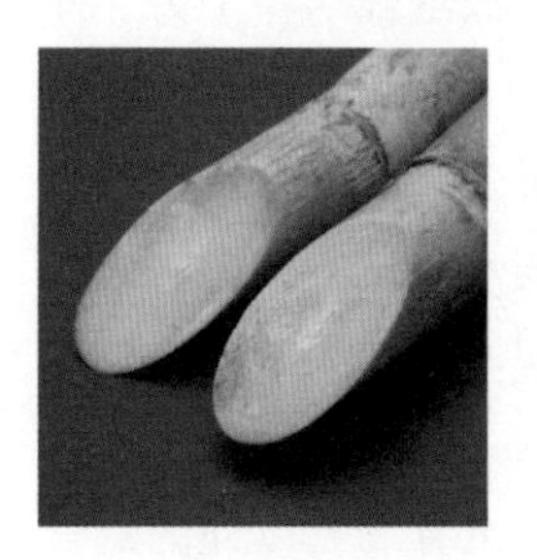

甘蔗

甜菜

将甘蔗榨出的汁液和浸泡甜菜的温水熬干，就能得到砂糖。

糖枫

熬干树汁，再进一步去除其中的水分，就能得到枫糖。

桄榔

将树汁边搅拌边熬干，即得到糖。

从植物的汁液中提取糖分

那么，糖分究竟是如何从植物中提取出来的呢？

用甘蔗提取糖分时，首先要将甘蔗的茎粉碎，再往里面加水，同时利用机器榨出其中的汁液。过滤汁液中包含的垃圾等杂物，然后把汁液熬干。这样一来，除掉水分后，就剩下了颗粒状的物质。将这些颗粒溶解在温水中，再次熬干，会得到没有杂质的白色颗粒。晒干并冷却这些白色颗粒，最终就得到了砂糖。

物体的性质 变化

电信号 第54页问题答案

小测验　日本使用最多的制作砂糖的原料是什么？

鱼在水里也能呼吸吗？

阅读日期（　年　月　日）（　年　月　日）（　年　月　日）

呼吸究竟是怎么回事？

为了生存下去，我们必须一直不断地呼吸。生活在水里的鱼也同样需要呼吸。

人类利用嘴和鼻子吸入空气，使空气到达位于胸腔的肺。空气中所含的“氧”会溶解在血液中，被输送到全身，用于产生能量。

血液经过全身循环后，最终还会回到肺。此时，血液中含有一种叫作“二氧化碳”的废物。二氧化碳可通过毛细血管壁和肺泡壁进入肺泡，经由口鼻排出体外。

但是，鱼并没有肺。它们是利用“鳃”进行呼吸的。

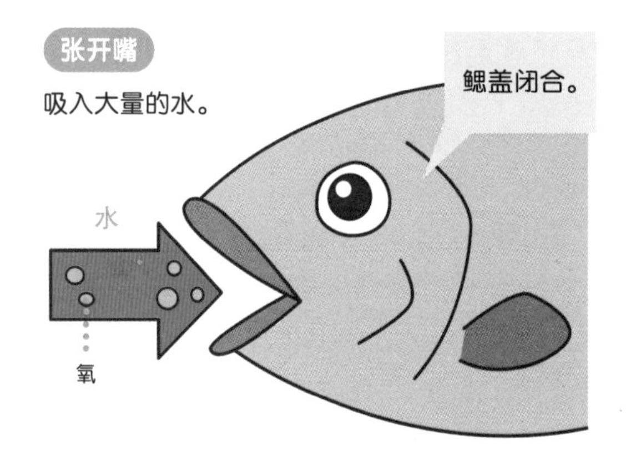

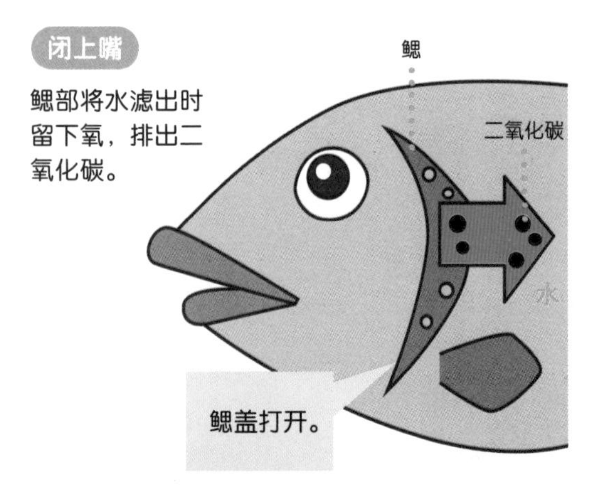

“鳃”的作用相当于肺

在鱼的鳃部，有一个像盖子一样的东西，叫作“鳃盖”。呼吸时，鱼会先将鳃盖闭合，用嘴吸入大量的水，然后闭上嘴打开鳃盖。这样一来，水就会流经像细细的梳子齿一样的鳃，排出体外。

与此同时，水中所含有的氧被留在了鳃中，而二氧化碳则连同水一起，经由鳃被排出体外。就这样，鱼使用鳃像人一样进行着呼吸。

但是，在鱼类中，也有靠鳃以外的器官进行呼吸的。例如鳗鱼，除了鳃，它们还能用皮肤呼吸。此外，还有一种叫作“肺鱼”的鱼，和人类一样拥有肺，可以同时用肺和鳃进行呼吸。

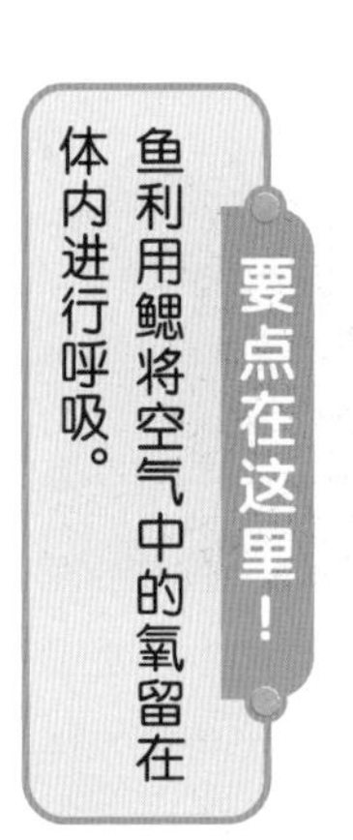

第55页问题答案　甘蔗和甜菜

小测验　除了鳃，鳗鱼还用哪个部位呼吸？

为什么在热气腾腾的浴缸里，只有上层的水是热的？

阅读日期（　年　月　日）（　年　月　日）（　年　月　日）

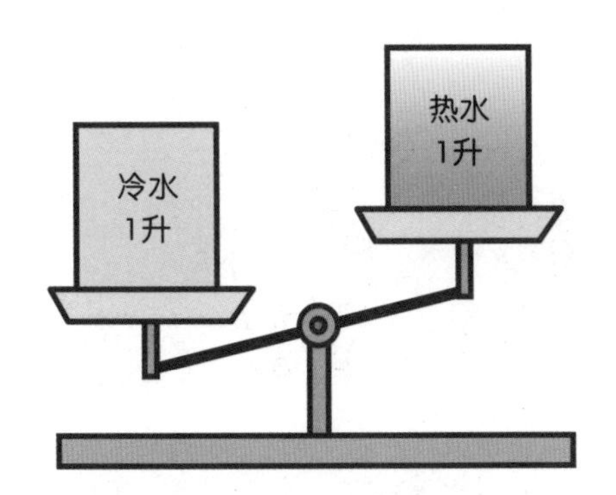

同体积比较，热水较轻，冷水较重。

温水会浮在上层

去泡澡的时候，你有没有发现，虽然上层的水是热的，但下面的水却是凉的？这究竟是为什么呢？

即便是同样的水，因为温度不同，体积也会不一样。热水的体积较大，冷水的体积较小。

也就是说，如果比较同样体积的水，热水相对较轻，而冷水相对较重。

因此，温热的水会浮在冷水上面，我们也就会感觉到只有上层的水是温热的。

浴缸里的热水和冷水的移动

由于温度较高，洗澡用的热水的体积会变大，重量会变轻，因此会浮在浴缸的上层。

同体积比较，冷水比热水重，会沉到浴缸的下层。

利用移动传导热量

像浴缸里的水这样，带有热量的物质向其他地方流动，将热量传递过去的现象叫作“对流”。不仅是液体，空气也会发生对流。在一个寒冷的房间里打开取暖炉，房间的上方较热，下方较冷，就是空气对流造成的。

要点在这里！

温热的水体积会变大，重量会变轻，浮在冷水的上面，因此在浴缸里，会感觉上层的水是热的、下层的水是凉的。

第56页问题答案　皮肤

小测验　带有热量的物质通过流动，将热量传递到其他地方的现象叫什么？

与其他动物相比，人的头部占身体的比例特别大！

阅读日期（　　年　　月　　日）（　　年　　月　　日）（　　年　　月　　日）

人的脑容量大约是大猩猩的3倍

人类和猿类拥有共同的祖先。在距今约600万年前，人类的祖先从猩猩的群体中分离出来，经历了南方古猿→能人→直立人→智人的进化过程，最终成为今天的人类。在进化过程中，人类的脑容量也在逐渐增加。

在南方古猿时期，人类刚刚开始直立行走，脑容量为400 ~ 600立方厘米。然而，随着南方古猿→能人→直立人→智人的进化，脑容量也在逐渐增加。正因为如此，人类的头脑才会越来越发达，创造出各种各样的文明和文化。

人类的脑容量在地球上所有的生物中一枝独秀。现代成年男性的脑容量约为1400立方厘米，与人类最为接近的大猩猩，脑容量约为400立方厘米，猪、山羊、鹿等食草动物的脑容量仅为100 ~ 130立方厘米。

脑容量的大小

猪和山羊的脑容量约100立方厘米

约4倍

大猩猩的脑容量约400立方厘米

约3倍

成年人的脑容量约1400立方厘米

人类的脑容量为什么会变大？

起初，人类的脑容量和大猩猩差不多。但在距今约250万年前，出现在地球上的冰河期成了人类脑容量增加的契机。

有一种观点认为，人类最初生活在原始森林里，靠采集树上的果实为生。但是随着气温下降，原始森林的数量开始减少，很难找到食物。于是，人类开始移居草原。草原上有大量的食草动物和食肉动物，当时的人类就靠猎取这些动物，吃它们的肉生存下去。为此，人类慢慢学会了用双腿直立行走，并逐渐使用工具和语言。随着食物的变化，人类所能获取的营养也得以增加，脑容量也就随之增加了。

要点在这里！

人类的脑容量约为1400立方厘米，差不多是大猩猩的3倍多，猪、山羊等食草动物的14倍。

第57页问题答案　对流

小测验　移居到什么地方成了人类脑容量增加的契机？

日食为什么不常见？

阅读日期（　年　月　日）（　年　月　日）（　年　月　日）

什么是日食？

有一种几年才出现一次，太阳看上去好像有个缺口的现象，它叫作“日食”。

日食有很多不同的形态：太阳被全部遮住的，叫作“日全食”；太阳看上去像一个光环的，叫作“日环食”；太阳被遮住一部分的，叫作“日偏食”。

日食是由于太阳、月球和地球位于一条直线上而产生的。从地球上看，太阳和月球位于同一个方向，当月球位于太阳的正前方时，会遮住太阳，看起来就好像太阳出现了缺口一样。

我们知道，太阳和月球的大小相差很多，太阳的直径约为月球的400倍。但是，从地球到太阳的距离，也大约相当于从地球到月球距离的400倍，因此，从地球上看，太阳和月球看起来几乎大小相同。也正因为如此，才会有月球几乎遮住太阳的现象。

当太阳、月球和地球处于同一条直线上时，太阳会被月球遮住，从而产生日食。

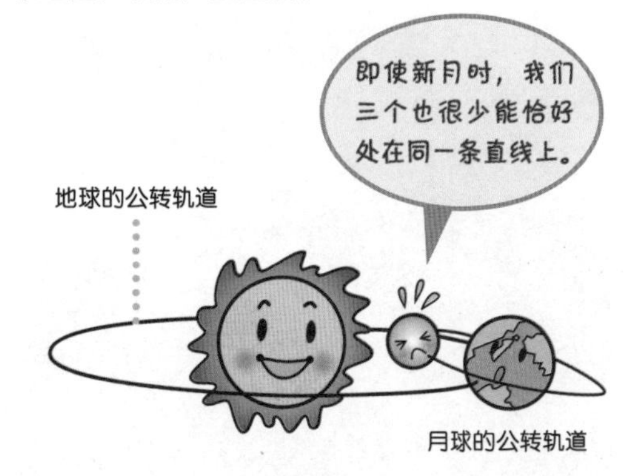

发生日食的条件

只有从地球上看，月球和太阳位于同一方向，并且产生“新月”时才会发生日食。月球以约28天为一个周期，绕着地球运转。照这样说来，应该能更频繁地看到日食才对。可是，为什么实际上却很少能看到日食呢？秘密就在于地球和月球的“公转轨道”运行角度上。

月球围绕地球运转的公转轨道比地球围绕太阳运转的公转轨道倾斜了约5度。因此，太阳、月球和地球很少有机会处于同一条直线上，也就很少能见到日食了。

要点在这里！

因为太阳、月球和地球很少有机会处于同一条直线上，因此，很少有机会看到日食。

第58页问题答案　草原

小测验　太阳被全部遮住的日食叫什么？

日本列岛是如何形成的？

阅读日期（　年　月　日）（　年　月　日）（　年　月　日）

支离破碎的大陆

很久以前，日本列岛并不是一个个独立的岛屿，而是一块叫作“亚欧大陆”的大陆的一部分。那么，日本列岛后来为什么会从亚欧大陆分离出去呢？

覆盖在地球表面的“板块”（→p.168）不断运动，板块之间一旦发生碰撞，较重的板块就会沉降到较轻的板块的下方。此时，板块上的土壤、砂石、泥浆、岩石等不会发生沉降，而是会附着在残留的板块上。这样的过程不断重复，大陆的面积也就逐渐变大了。

然而，在距今约1500万年前，由于火山活动变得活跃，亚欧大陆的边缘出现了裂痕。在这种情况下，板块运动更加活跃，最终在裂痕所在的位置出现了海洋。而从亚欧大陆上分离出来的部分，就成了今天的日本列岛。

日本列岛的排布为什么是弓形的？

刚刚从大陆分离出来的日本列岛并不是呈今天这样的弓形排布，而是排成了笔直的一列。至于为什么会演变成如今的形态，还没有非常权威的解释。

有一种假说认为，板块沉降是导致其形成的原因。在与亚欧大陆分离后，日本列岛还曾经与许多板块发生过碰撞。可能正是当时的撞击导致日本列岛的排布出现了弯曲。

要点在这里！

日本列岛最初是亚欧大陆的一部分，由于火山活动产生的大陆裂痕随着板块运动逐渐扩大，最终形成了如今的样子。

第59页问题答案　日全食

小测验　日本列岛曾经是哪个大陆的一部分？

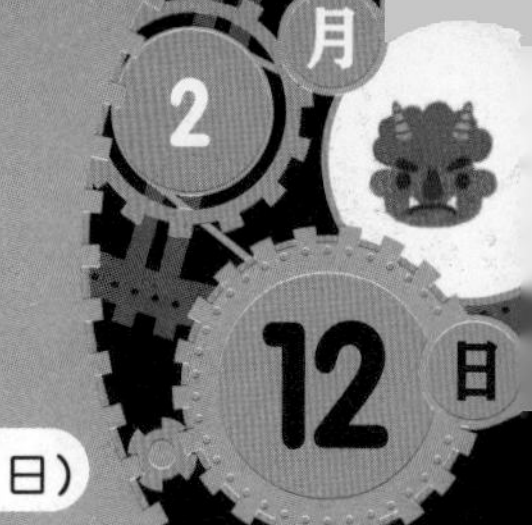

人类是如何进化的？

阅读日期（　　年　　月　　日）（　　年　　月　　日）（　　年　　月　　日）

从猿到人

人类是由与猿类共同的祖先进化而来的。

距今约600万年前，人类的祖先从大猩猩的群体中分离出来，进化成了南方古猿。它们用双腿行走，是“双腿直立行走”的人类最初的同类。直到距今400万～200万年前，它们一直居住在非洲大陆上（→p.175）。

约600万年前　从大猩猩群体中分离出来

约400万年前

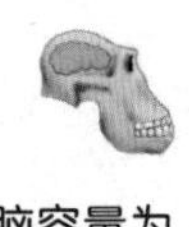

南方古猿

脑容量为450～600立方厘米

约180万年前

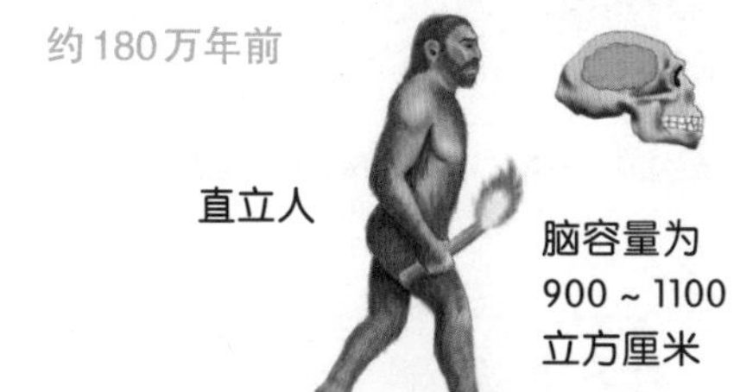

直立人

脑容量为900～1100立方厘米

约20万年前

新人（晚期智人）

脑容量约为1400立方厘米

出现在非洲的南方古猿在距今约180万年前进化成了直立人。这些被称为直立人的人类祖先能够用木头和石头制作简单的工具，还能够生火。

到了距今约20万年前，最接近我们的祖先——新人诞生了。他们开始使用语言，还会进行狩猎和农耕。

脑容量发生了变化

那么，人类为什么会进化成今天的样子呢？这是由于人类在进化过程中，脑容量发生了变化。

南方古猿的脑容量是450～600立方厘米。

到了直立人阶段，脑容量增加到了900～1100立方厘米，新人的脑容量则增加到了约1400立方厘米。也就是说，与南方古猿时期相比，新人的脑容量增加到了差不多原来的3倍大。

关于脑容量增加的原因，众说纷纭，其中一种学说与双腿行走有关。这种学说认为，与四肢行走相比，双腿行走能够支撑更大的头部，因此，人类的脑容量也得以增加。

要点在这里！

人类的祖先首先从南方古猿进化到直立人，然后在距今约20万年前，诞生了和我们最接近的新人。

第60页问题答案　亚欧大陆

小测验　人类最初的祖先居住在哪个大陆？

花样滑冰运动员为什么能越转越快？

阅读日期（　　年　　月　　日）（　　年　　月　　日）（　　年　　月　　日）

收紧手臂就能转得更快

“spin（直立圆周运动式的旋转）”是花样滑冰的技巧之一，指的是运动员在冰上快速旋转。

在电视上看花样滑冰的时候，我们会发现，运动员在旋转时，其转速是从中途开始变快的。

另外，如果这时你仔细观察，就会发现转速变快发生在运动员手臂开始收紧的时候。这究竟是为什么呢？

半径变小，转速变快

在转圈时收紧手臂，转圈的速度会发生什么样的变化呢？请自己试一试吧。

准备一把转椅，坐在上面开始转圈（因为眼睛也会跟着转，所以要注意控制方向），最开始转的时候，试着把双臂和双腿尽量向外伸展。然后，将双臂和双腿缩回来，体会一下旋转的速度发生了什么变化。与双臂和双腿伸展时相比，缩回来之后，是不是旋转速度变得快了？

我们可以把花样滑冰运动员在冰上旋转和我们坐在转椅上转圈看作类似的案例。也就是说，旋转的物体半径越小，转速越快。花样滑冰运动员之所以能够转得越来越快，也是因为通过收紧手臂缩小了半径。

双臂和双腿尽量向外伸展，慢慢转圈。

双臂和双腿缩回来，转速比伸展时变快了。

这个很危险，要在爸爸妈妈看护下试验哟！

张开双臂慢慢转圈。

收紧双臂，转速变快了。

★温馨提示：上述动作有危险，小朋友请在家长的看护下试验哟！

要点在这里！

旋转中的物体，半径越小转得就越快，因此，花样滑冰运动员收紧手臂后，旋转的速度会变快。

非洲大陆 第61页问题答案

小测验 旋转中的物体的转速，是半径较大的时候，还是半径较小的时候更快？

地震是无法预测的吗？

阅读日期（　　年　　月　　日）（　　年　　月　　日）（　　年　　月　　日）

目前，地震预测还是一件非常困难的事情

在我们生活的陆地和海洋下面，有一种由岩石构成的巨大板状物，我们把它叫作“板块”。十几个这样的板块组合在一起覆盖在地球表面，其中每一块都在进行着复杂的运动。因此，在板块的交界处，总是蕴藏着巨大的力量。当承受不了这种力量时，板块就会发生破碎或断裂，并由此产生剧烈的晃动，即地震。

如果人们能够提前预测到板块会在何时何地发生破裂，引发多大规模的地震，一定能减少地震带来的损失。然而，就目前的科技发展水平而言，这还是一件非常困难的事情。

利用GNSS卫星，在电子基准点实施持续观测，就能根据地面数毫米的运动和变化预测出发生地震的地点。

关于地震预测的研究

目前，世界上正在进行着各种关于地震预测的研究。利用人造卫星进行预测就是诸多方法之一。这种方法是利用遍布日本的“电子基准点”（→p.93）装置，接收搭载了GNSS（全球导航卫星系统）的人造卫星所发出的电波。然后，通过对地面的运动和变化数据进行分析，以便发现地震的前兆。

此外，有科学家认为，在大地震发生前，板块总会发生缓慢的滑动，这种现象被称为“前兆滑动”。这种现象会导致周围的岩盘角度发生变化，人们可以通过观察这种变化对地震进行预测。然而，目前还没有证据证明在地震发生前一定能够观测到这种现象。

为了能够预测未来即将发生的大地震，现在，许多相关研究还在继续进行。

要点在这里！

虽然目前准确预测地震还是一件非常困难的事情，但各种相关研究仍在继续进行。

第62页问题答案　较小的时候

小测验　接收来自GNSS的电波，对地面的变化数据进行研究的装置叫什么？

所谓的冬至和夏至究竟是什么意思？

阅读日期（　年　月　日）（　年　月　日）（　年　月　日）

夜长昼短与昼长夜短

大家一定知道昼夜的长短是随季节发生变化的吧？

在日本，冬天天色会很早变暗，黑夜变长。其中，“冬至”是一年中黑夜时间最长、白昼时间最短的一天。与此相反，“夏至”是一年中白昼时间最长、黑夜时间最短的一天。

以东京为例，冬至和夏至这两天，白昼的时间长度相差近6个小时。

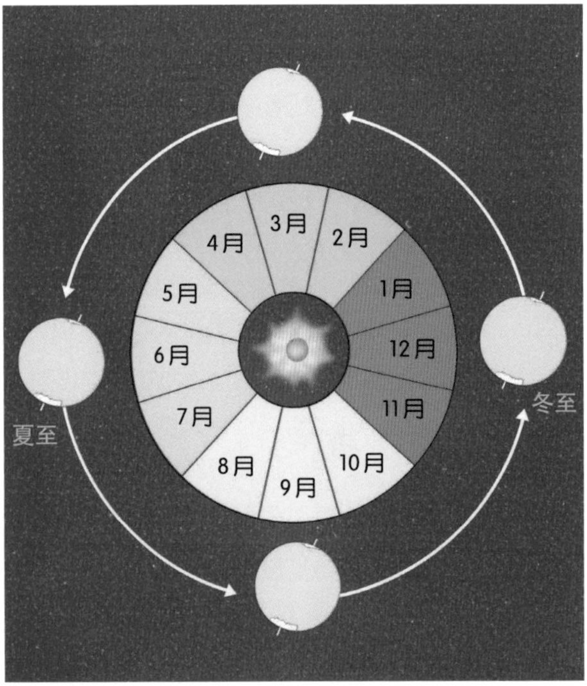

以12月的冬至日为界，白昼逐渐变长。过了6月的夏至日之后，白昼逐渐变短。

对于农业非常重要

冬至和夏至都是“二十四节气”之一。“二十四节气”是人们以节令的方式总结出的季节变化规律。

简单来说，二十四节气就是将地球绕太阳运动一周（约365天）的时间分成24份，然后为每一个分割点取的名字。

季节的变化是地球与太阳之间的位置关系发生了变化而导致的。然而，古时候使用的是以月圆、月缺为依据制定的历法（→p.294），因此，即便是同一天，这一年和下一年的季节也会略有差异。

对于根据季节开展劳动的农业而言，这样的历法用起来非常不方便。为此，人们发明了不用看日期就能了解季节变化的“二十四节气”。

要点在这里！

『冬至』是一年中黑夜最长的一天。『夏至』是北半球一年中白昼最长的一天。

电子基准点

第63页问题答案

小测验　北半球一年当中，白昼最长的一天叫什么？

为什么一旦形成低气压，天气就会变坏？

阅读日期（　年　月　日）（　年　月　日）（　年　月　日）

空气是有重量的

我们平时似乎感觉空气是没有重量的，事实却并非如此——空气也是有重量的。

空气里包含的所有物质都承受着来自空气的重量。这就是“气压”。气压与周围相比变低的地方我们称为“低气压”，变高的地方我们称为“高气压”。气压并不是一成不变的，而是处于不断的变化之中。

气压的高低会对天气产生巨大的影响。因此，大家平时在天气预报中也常常会听到“低气压”和“高气压”这两个名词。

低气压和高气压的特征

空气具有受热后变轻上升，受冷后变重下沉的性质。冬天，在有暖气的屋子里，与靠近地板的地方相比，靠近天花板的地方更暖和就是出于这个原因。

在低气压的地方，受到来自地面和海面热量的影响，含有水蒸气的空气重量变轻上升，导致地表附近的空气变得稀薄。此时，高空的空气遇冷，极易形成雨云。因此，天气就容易变坏。

另一方面，在高气压的地方，空气由高空向地面下沉，会导致气压变高。此时，空气干燥，很难形成雨云。因此，晴天的概率也会变高。

要点在这里！

在低气压的地方，由于空气上升，容易形成会下雨的云。

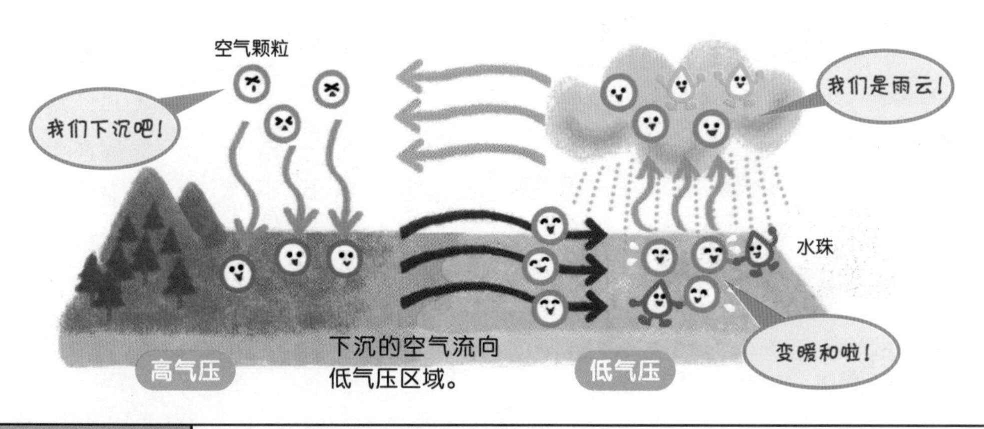

小测验　空气受热后会变重还是变轻？

第64页问题答案　夏至

木炭是树木燃烧形成的吗?

阅读日期（　　年　　月　　日）（　　年　　月　　日）（　　年　　月　　日）

树木燃烧变成了灰

你有没有想过，篝火晚会结束后，那些燃烧后的柴火（树木）变成了什么?

树木中含有一种叫作“碳”的物质，同时也含有名为“矿物质”的成分。把树木点燃后，在受热的情况下，树木中所含有的各种成分会被分解，产生肉眼看不见的气体。这些气体燃烧产生了火焰。此时，碳与空气中的氧结合，形成二氧化碳，扩散到空气中。剩下的只有不能燃烧的矿物质的灰烬。因此，树木燃烧后并不能变成木炭。

氧
油类
甲烷
燃烧吧!
碳
酒精
我们结合在一起变成二氧化碳吧!

用火把树木点燃，树木里所包含的成分会变成气体释放出来。这些气体燃烧后就形成火焰。

能够产生火焰的成分会随着制造木炭时产生的热量逃逸出来，因此，木炭无法产生火焰。

木炭是树木烧制后得到的

制作木炭的过程被称为“烧炭”。从“烧”字就可以看出，在这个过程中用到了火，但这里的做法与平常的烧烤不同，是在空气极其稀薄的状态下进行的“蒸烧”。

由于空气稀薄，碳原子无法与氧原子结合。但是，温度上升，会导致树木中一部分被分解了的成分变成气体“逃”出去，结果就是：作为其主要成分的碳残留下来，变成了木炭。木炭燃烧需要很高的温度。在木炭的四周点燃报纸，最终会令木炭也燃烧起来，并变成红色。然而，木炭燃烧并不能产生火焰。这是由于能够产生火焰的气体已经提前“逃”走了的缘故。而且，木炭燃烧后，会变成灰烬。

要点在这里!

木炭不是树木直接燃烧后获得的，而是在空气稀薄的状态下通过蒸烧制得的。

小测验　树木变成木炭时，残留下来的主要成分是什么?

第65页问题答案　变轻

有一颗行星从太阳系消失了！

2月18日

阅读日期（　　年　　月　　日）（　　年　　月　　日）（　　年　　月　　日）

什么是行星？

目前，太阳系有八颗行星。然而，在2006年以前，太阳系的行星数量一直是九颗。也就是说，有一颗行星后来消失了。

自古以来，人们将无法预测其运动轨迹的星星命名为“planet（行星）”，这是一个源自拉丁语的词，意为“行踪不定的人”。然而，在那以后相当长的一段时间里，对于究竟什么样的天体可以定义为“行星”，并没有一个明确的定义。于是，在2006年，人类对于行星做出了如下定义。

（一）必须是围绕恒星运转的天体。

（二）质量必须足够大，来克服固体引力，以达到流体静力平衡的形状（近于球体）。

（三）必须清除轨道附近区域，公转轨道范围内不能有比它更大的天体。

由于规定了以上定义，曾经被视为行星的冥王星，现在已经被排除在了行星之外。

冥王星不再是行星的原因

冥王星于1930年被发现，成为太阳系的第九颗行星。其半径约为1137千米，是比月球还小的天体。然而，自1990年以后，在比海王星还要遥远的地方，陆续发现了一些和冥王星同样大小的天体，因此，人们开始将冥王星视为它们中的一员。

2005年，由于发现了比冥王星更大的天体“卡戎”，冥王星被归入了“矮行星（类冥天体）”的行列。

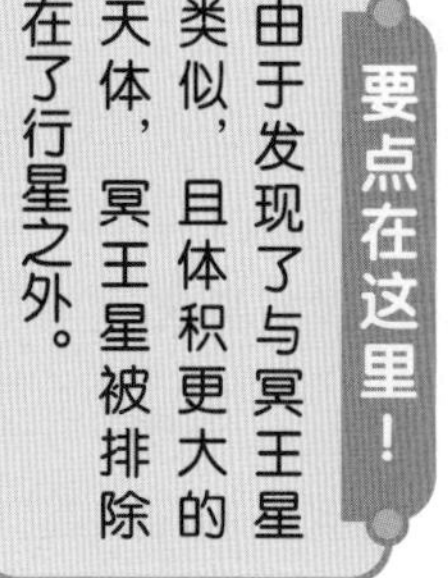

地球 | 太阳系

第66页问题答案　碳

小测验　现在，冥王星在太阳系中被划分为哪一类天体？

真的存在没有毒的河豚吗？

阅读日期（　　年　　月　　日）（　　年　　月　　日）（　　年　　月　　日）

养殖的河豚没有毒

河豚是一种味道鲜美、很受欢迎的鱼，但是却带有一种叫作“河鲀毒素”的有毒物质。这种毒素藏在河豚的肝脏、卵巢等内脏中，毒性非常强。如果人不慎吃到了这些有毒的部位，就会全身麻痹，无法呼吸，甚至导致死亡。正因为河豚如此危险，所以只有持有专业厨师资格证的人才可以制作河豚料理。

有研究表明，河豚的毒素并不是其自身所产生的。这些毒素原本是由大量生活在海底淤泥中的一部分海洋细菌制造出来的。毒素蓄积在吃海底淤泥的生物体内，而河豚又由于吃了这些生物而获得了毒素。也就是说，河豚的毒素是从外界获得的。因此，人工养殖的河豚体内并没有毒素。

河豚为什么不会中毒而死

这样想来，河豚吃了含有毒素的生物却没有中毒而死，真是不可思议。实际上，在河豚的身体结构中，就藏着这个问题的答案。

河鲀毒素进入生物体内后，会在固定的细胞中发挥作用。然而，河豚的细胞结构却导致河鲀毒素很难在其中发挥作用。因此，毒素几乎无法对河豚产生影响。另外，河豚血液中含有的叫作“蛋白质”的物质也具有抑制河鲀毒素的作用。

要点在这里！

由于河豚体内的毒素来自于它所食用的海洋生物，因此，人工养殖的河豚并没有毒。

矮行星
第67页问题答案

小测验 究竟是什么生物制造了河豚携带的毒素？

我们常说的“心”究竟在哪里？

阅读日期（　　年　　月　　日）（　　年　　月　　日）（　　年　　月　　日）

“心”在大脑里？

如果被问到“心在哪里？”，你会怎么回答呢？我们紧张的时候会感觉到心脏“扑通扑通”地跳个不停，因此，有些人会回答“心”在心脏里吧？

那么，“紧张”的感觉究竟是从哪里产生的呢？答案是位于我们头部的“大脑”。大脑会产生高兴、开心、悲伤、孤独等情感。

人类大脑的构造

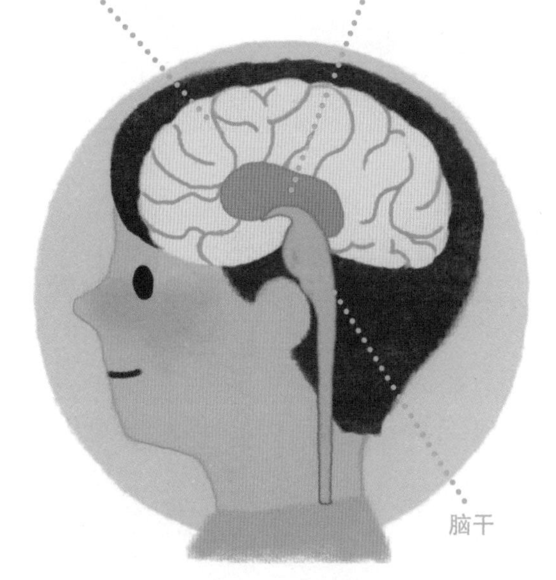

大脑包括位于其内侧的“大脑边缘系”和位于其外侧的“大脑新皮质”。大脑边缘系负责控制喜、怒、哀、乐等情感，同时也负责产生诸如“想吃点儿什么”这类生存所必需的情感。大脑新皮质与大脑边缘系相连，负责做出判断和掌管语言功能。由于大脑新皮质很发达，我们可以思考很复杂的事情，也能够产生各种复杂的情感。综上所述，情感是由大脑产生的，因此，或许可以说，我们的“心”其实是在大脑中。

各种动物的脑

鸟类和哺乳类动物的大脑新皮质很发达。

鱼类和两栖动物（如青蛙等）则没有大脑新皮质，只有大脑边缘系。此外，鱼类和两栖类及爬形类（如乌龟、蛇等）动物的大脑几乎全部是“脑干”。脑干与觅食等本能活动相关，是脑的核心部分。

要点在这里！

有一种说法认为，我们常说的『心』实际上在大脑里，但目前尚未得到证实。

第68页问题答案　海洋细菌

小测验　人类的大脑中，哪个部分比较发达？

跳伞是如何做到的?

阅读日期（　　年　　月　　日）（　　年　　月　　日）（　　年　　月　　日）

空气的阻力抑制了速度

跳伞是一种运动，人可以从距离地面数千米高的飞机上跳下，利用降落伞落到地面上。

一般来讲，从飞机飞行的高度往下跳，受地球引力的影响，下落速度会越来越快，最终会以非常快的速度撞向地面，人也会因此而死亡。那么，为什么使用降落伞就能安全着陆呢?

打开降落伞下降，在张开的伞下会遇到空气。这样一来，空气向上的力会对降落伞向下的力造成阻碍。这种阻碍物体前进、来自空气的力，被称作“空气阻力”。正是在空气阻力的作用下跳伞才得以安全着陆。

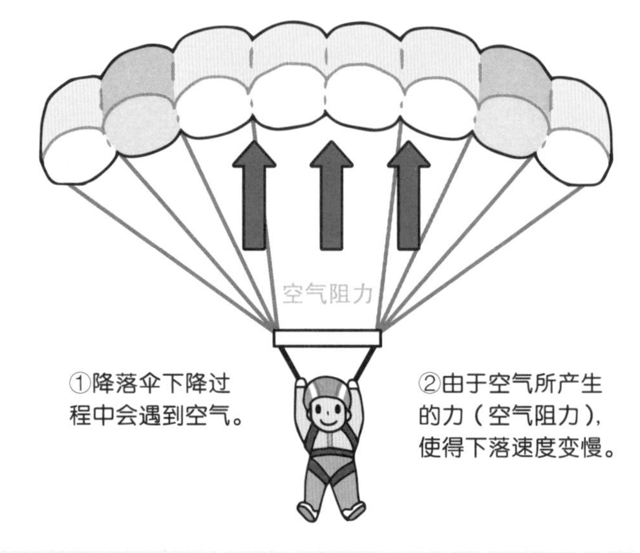

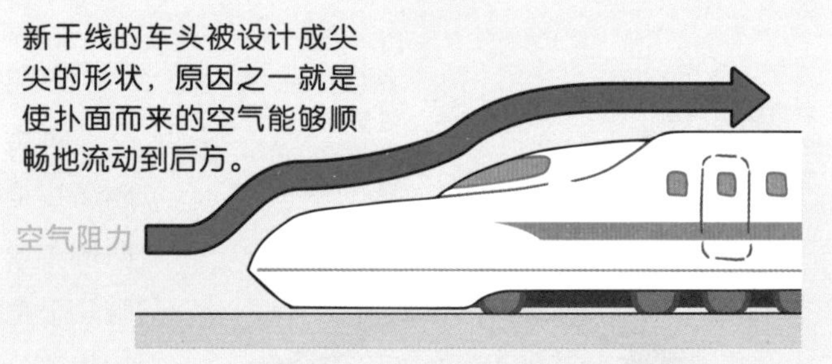

阻碍物体运动的空气阻力

虽然空气阻力是跳伞过程中不可或缺的元素，但是对于大多数交通工具来讲，空气阻力却是它们提高速度的“绊脚石”。因此，汽车、火车、飞机等都采用了流线型设计，以尽量减少空气阻力，使迎面而来的空气能够顺畅地流动到交通工具的后方。

要点在这里!

降落伞由于受到伞下空气的阻力作用，降低了下落速度，跳伞才实现安全着陆。

大脑新皮质 第69页问题答案

小测验 空气干扰物体前进的力叫什么?

土星的光环是如何形成的？

阅读日期（ 年 月 日）（ 年 月 日）（ 年 月 日）

像宝石一样美丽的光环

土星的特点就是拥有巨大的光环。这个光环十分美丽，因此，土星也被誉为“太阳系的宝石”。

从地球上看，土星的光环好像一块巨大的板子。实际上，它是由无数的冰粒（碎片）聚集在一起组成的。其直径约为27万千米，厚度却仅有数百米。

土星的光环并不是单一的，而是由许多细细的光环聚集在一起形成的。这些光环之间存在一些缝隙，而以这些缝隙为间隔的7个光环聚集在一起，用我们的肉眼看起来，就好像是一个大的光环。此外，利用望远镜能够看到的仅仅是位于外层的两个光环。因为它们上面的冰粒反射了太阳光而闪闪发光，最容易被观察到。相反，位于内侧的光环由于亮度较暗，并不能看得很清楚。

出现光环的原因

目前尚不明确这种聚集了冰粒的光环究竟是如何形成的，其主要的假说有以下两种。

一种说法是，原来围绕土星运行的卫星与土星距离过近时，受到引力（将其拉近土星的力）的作用而遭到破坏，其残骸就变成了光环。还有一种说法是，土星在形成之初，形成土星的物质有剩余，这些剩余物质组成了光环。

目前已知在太阳系的行星中，除了土星，木星、天王星、海王星也拥有光环。

要点在这里！

土星的光环是由直径数毫米到数米的冰粒所组成的。

第70页问题答案 空气阻力

小测验 土星拥有十分美丽的光环，因此它又被誉为什么？

大猩猩是很聪明的！

阅读日期（　年　月　日）（　年　月　日）（　年　月　日）

使用各种工具

大猩猩是目前地球上所有动物中与人类最相似的一种。它们具有较高的智力水平，能够使用树枝、树叶、石头等各种工具。

例如，大猩猩很喜欢吃蚂蚁，却很难吃到住在地面上堆积起来的、被称为“蚁坟”的蚁穴（→p.353）里面的蚂蚁。每到这时，它们就会把树枝的前端放进嘴里嚼一嚼，直到前端变成刷子一样的形状，然后将其插入蚁穴中。这样一来，就会有大量气愤的蚂蚁聚集过来啃咬树枝，这时，大猩猩就会抽出树枝吃掉蚂蚁。

此外，想要吃较硬的果实时，大猩猩会先把果实放在石头台面上，然后用石块将其砸碎，再取出其中的果实吃掉。想喝树洞或岩穴里的水时，它们会把树叶嚼成海绵状，然后将其放入洞穴里把水吸上来喝。

将果实放在石头上，用石块将其砸碎，取出里面的果肉吃掉。

将树叶咀嚼后放入有水的树洞里，吸出水来放入口中。

具有比人类更强大的记忆力

为了检测大猩猩的记忆力水平，人们曾做过下面的实验。

在画面的不同位置瞬间闪过一组数字，然后检测大猩猩能用什么样的速度和正确率将出现过的数字填写在正确的位置上。结果，与同时参与测试的成年人相比，幼年大猩猩的成绩更胜一筹。由此可以看出，幼年大猩猩具有在瞬间正确记忆复杂事物的能力。

要点在这里！

大猩猩能够使用树枝、树叶、石头等工具，记忆力也很好。

第71页问题答案　太阳系的宝石

小测验　大猩猩想要喝树洞或岩穴里的水时，会用到什么工具？

为什么有时候碰到门把手，会感觉被扎了一下？

2月24日

阅读日期（　年　月　日）（　年　月　日）（　年　月　日）

物质里积蓄的电

所有物质都是由一种肉眼看不到的名为“原子”的细小微粒构成的（→p.76）。原子的中心有“原子核”，在原子核周围有一种叫作“电子”的东西在不断地运动。

原子核中存在一种叫作“质子”的微粒，带有正电，而存在于原子核周围的电子则带有负电。

平时，由于正负电子处于平衡状态，并不会出现物体带电的情况。

然而，当物质之间产生摩擦时，一个物质中的电子就会向另一个物质发生转移。这样一来，电子移动到的那一方就会带有负电，而缺失了电子的那一方就会带有正电。这种存在于物质中的电被称为“静电”。人在走路时，脚和地面之间，以及身体和衣服之间产生摩擦，都会造成静电蓄积。

人与门把手之间的静电

静电流向指尖

物质包括容易导电的物质和不易导电的物质。用金属制作的门把手属于容易导电的物质。当接触到门把手时，人体内蓄积的静电就会流向门把手，因此，人们会产生像被扎了一下的感觉。

此外，当空气湿润时，静电会跑到空气中；但当空气干燥时，则不会向其中流动。因此，在空气干燥的冬季，人们常常会感觉到静电。

要点在这里！

有静电时，如果触摸门把手，人与门把手之间的电会流动，就感觉好像被扎了一下。

小测验　物质之间相互摩擦后，积蓄在物质中的电叫什么？

第72页问题答案　树叶

为什么有时候书里会有小虫？

阅读日期（　　年　　月　　日）（　　年　　月　　日）（　　年　　月　　日）

吃书的小虫子

打开堆在房间角落里的旧书，有时候可以看到里面有小虫子。为什么会有小虫子呢？

书里面的小虫子会吃书里的纸。你有没有见过书页上的小洞？那就是被虫子吃过的痕迹。

在吃书的小虫子里面，有一种身长1厘米左右，长着长长的触角，有三条尾巴的小虫，它的名字叫作“衣鱼”。衣鱼特别喜欢吃用糨糊制成的日本纸，可以存活7～8年。

此外，还有一种体形比衣鱼小，身长2～3毫米的小虫——“窃蠹”。窃蠹啃食书中的纸张，会形成隧道状的小洞。

还有一种比窃蠹体形更小的虫子，叫作“书虱”。书虱的身长只有1～2毫米。

这些小虫不仅啃食书中的纸张，还会吃面粉这类干燥的东西，有时甚至还会啃食衣服。

吃书的小虫

衣鱼

身长1厘米左右，有长长的触角和三条尾巴。

窃蠹

身长2～3毫米，会啃食出隧道状的小洞。

旧书

书虱

身长1～2毫米，也吃霉菌和灰尘。

吃书的小虫还会吃面粉这类干燥的东西，有时甚至还会啃食衣服。

保护书本不被破坏

啃食书本的小虫大多喜欢生活在阴暗潮湿的地方。

因此，为了保护书本不被破坏，需要把书本放在明亮且通风良好的地方。

此外，保持清洁也非常重要，要仔细清扫放置书本的地方。

不再需要的书本和瓦楞纸都会成为小虫的诱饵，要尽量全部扔掉。

如果发现书本里有小虫，可以使用杀虫剂和烟熏麻醉剂（一种用烟雾驱除虫子的东西），轻松驱除小虫。

要点在这里！

附着在书本上的小虫会啃食书里的纸张。

小测验 喜欢吃糨糊制成的日本纸，可以存活7～8年的小虫叫什么？

第73页问题答案　静电

有的植物能产出石油！

阅读日期（　年　月　日）（　年　月　日）（　年　月　日）

要点在这里！ 有的植物能够产生作为石油主要成分的烃。

能够生成与石油相同的成分

石油是一种从几千米深的地下开采出来的液体状资源，被用作汽车、飞机、船舶等的燃料。此外，它还可以作为制造塑料的原材料（→p.323）。

石油最主要的成分是一种叫作“烃（碳化氢）”的物质。在自然界中，也有可以吸收太阳的能量，产生与石油相同的成分——“烃”的植物。从这类植物中提取出来的液体可以作为燃料使用。这样的植物被称为“石油植物”或“能源植物”。

石油作为燃料使用时，会向大气中排出大量二氧化碳（→p.259），这是导致全球气候变暖的原因之一。然而，在种植石油植物的过程中，植物会吸收二氧化碳。因此，即便使用了用这种植物提取的燃料，也不会增加二氧化碳的排放量，不会对环境产生不好的影响。

各种各样的石油植物

代表性的石油植物包括原产于非洲、与仙人掌同类的多肉植物绿玉树，以及考拉喜欢的桉树等。

将绿玉树的枝切开，里面会流出白色的黏稠液体。将这些液体加热，使水分蒸发后，再使用药物，就能够分解出烃。

此外，桉树的处理方法是，将其树叶和树枝与水一同加热，产生的蒸汽冷却后就能够得到包含烃的油。

目前，关于将石油植物直接作为燃料应用的研究才刚刚起步。然而，石油植物作为未来的能源，备受人们的期待。

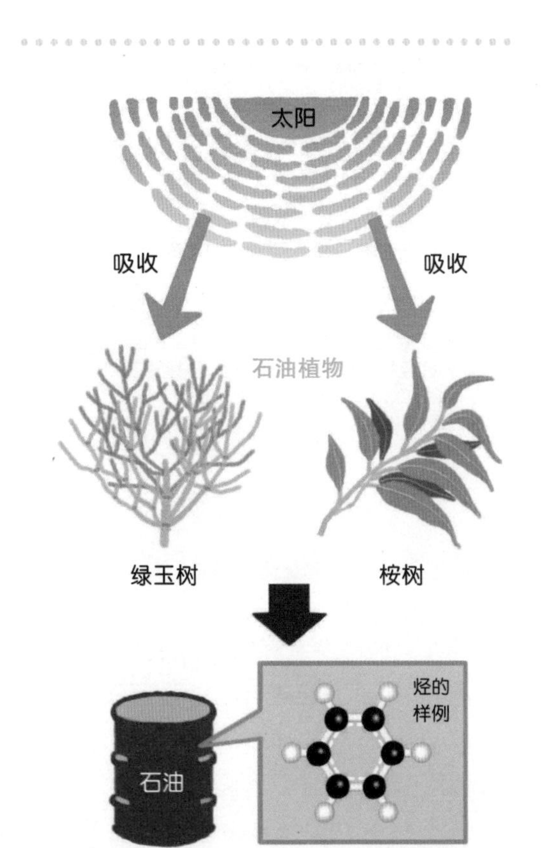

石油植物吸收太阳的能量，产生作为石油主要成分的烃。

小测验 考拉喜欢的石油植物是什么？

第74页问题答案　衣鱼

把东西不断拆分，最终会出现什么情况？

阅读日期（　　年　　月　　日）（　　年　　月　　日）（　　年　　月　　日）

分子拆分后会变成原子

你知道水是由什么构成的吗？将水进行精细分解，就会得到一种叫作“水分子”的细小颗粒（→p.38）。它是众多被称作“分子”的物质中的一种。

微小的水分子还能够被进一步分解——它是由氢和氧两种物质结合而成的。

氢和氧在化学反应中属于“不能再进一步分解的物质”，被称作“原子”。原子是构成物质的最小单位。世界上有110多种原子，所有物质都是由原子构成的。

举例来说，空气中包含的氧气、氮气、二氧化碳等（→p.44），都是按照分子进行的分类。其中，氧气分子和氮气分子是由一种原子结合而成的，而二氧化碳则是由氧和碳这两种原子结合而成的。

将水进行精细分解

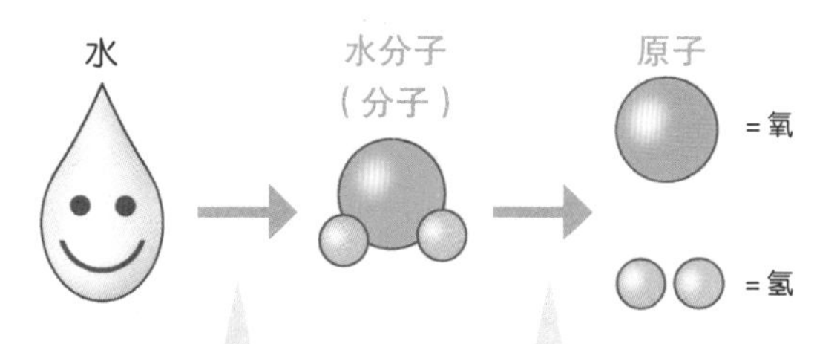

将水进行精细分解后，会得到一种叫作水分子的物质。

水分子是由氢原子和氧原子结合而成的。

空气中的分子

氧气分子

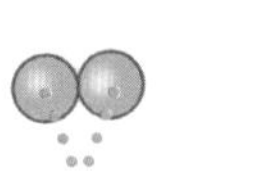

氮气分子

氮原子

二氧化碳分子

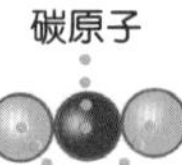

氧气分子和氮气分子都是由一种原子结合而成的。

二氧化碳分子是由氧和碳这两种原子结合而成的。

将原子进行分解会发生什么？

现在人们已经了解到，实际上，原子在物理状态中也可以再进行进一步分解。

原子是由位于中央的“原子核”和位于原子核周围的“电子”共同构成的。

原子核可以进一步分解为“质子”和“中子”。

要点在这里！

将物质不断进行分解，会得到分子和原子。原子在物理状态中还可以进一步分解。

第75页问题答案　桉树

小测验　水分子是由氧原子和什么原子结合而成的？

冰壶运动员为什么要不停地擦冰面？

阅读日期（　　年　　月　　日）（　　年　　月　　日）（　　年　　月　　日）

为什么一直用冰壶刷擦冰面？

你知道“冰壶”这项运动吗？它是通过让一种叫作“冰壶”的器具在冰上滑行来获得分数的竞技项目，也是冬季奥运会的正式比赛项目之一。

在电视上看冰壶比赛的时候，我们总是看到运动员用冰壶刷不停地擦拭前方的冰面。那么，运动员们究竟为什么要这样做呢？

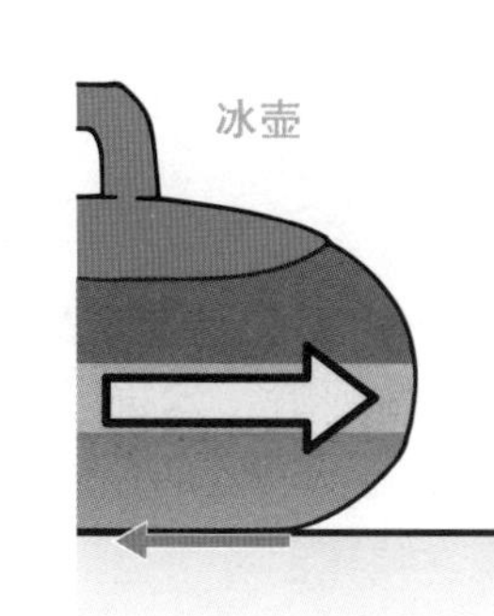

调整滑行的难易程度

当运动中的物体与处于静止状态的物体发生接触时，运动中的物体会受到与运动方向相反的方向的力。这种现象叫作“摩擦”。在冰壶运动中，这种“摩擦”具有重要的意义。

在冰壶场上，比赛前，工作人员会将温水喷洒在冰面上，制造出很多被称为“冰珠（pebble）”的小凹凸。有了冰珠，冰壶和冰面之间的接触面积就变小了，摩擦也会因此变小，可以让冰壶滑行得更为顺畅。

然后，再用冰壶刷擦拭冰面，让冰珠的表面稍稍融化，可以使冰壶滑行得更加顺畅。这种用冰壶刷擦拭冰面的行为叫作“擦冰（sweeping）”。

用冰壶刷在冰面上擦冰后，可以使冰壶比擦冰前滑得更远。运动员通过擦冰，能够更好地控制冰壶的滑动。

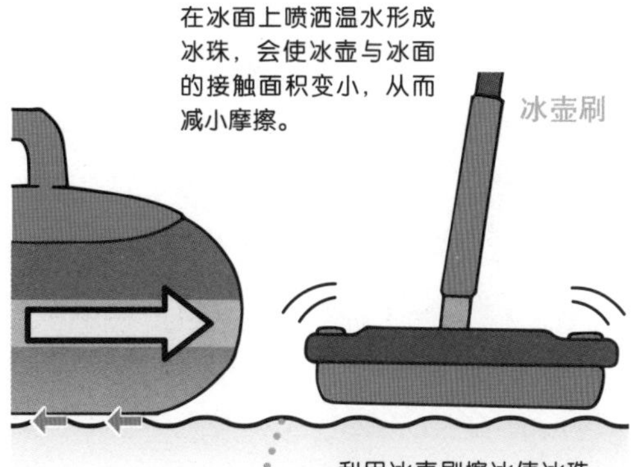

要点在这里！

在冰壶比赛中，利用冰壶刷擦冰使得冰面稍稍融化，可以让冰壶滑行得更加顺畅。

第76页问题答案　氢原子

小测验　在冰面上擦冰，冰壶会滑得更顺畅还是更难滑行？

一年为什么有365天？

阅读日期（　　年　　月　　日）（　　年　　月　　日）（　　年　　月　　日）

以太阳为中心的历法

目前世界上使用的历法，是以太阳和地球的运动规律为基础制定的。地球以太阳为中心，绕着太阳运动，这种运动叫作“公转”。地球公转一周所需要的时间（约365天）被定为一年。因此，我们现在使用的日历也称为“太阳历”。

然而，地球公转一周所需要的时间并不是刚刚好的365天，准确地说，是365.2422天，也就是每年比365天多出了5小时50分钟左右。一天是24个小时，这样算来，每隔四年就会差出一天的时间。

为了防止这种情况造成日历的记法不准确，每隔四年就会有一个“闰年”。只有闰年有366天，多出来这一天就是2月29日。人们以这种方式消除前面提到的日期上的偏差。

古时候的日本采用的是以月亮为基准的历法

日本是从距今约140年前开始使用太阳历的。在那以前，人们一直以月亮的盈亏为基准（→p.294），使用一种叫作“太阴太阳历”的历法。

在旧历法中，从新月之日到下一个新月之间的这段时间被视为一个月，大概是29.5天。然而，这样一来，一年12个月总共约是354天，与地球的公转周期相比，每年都会出现11天的偏差。

因此，在当时的日本历法中，每隔几年，就会出现一个有13个月的年份，以适应地球的公转周期。

要点在这里！
365天是地球围绕太阳运动一周所需的时间。

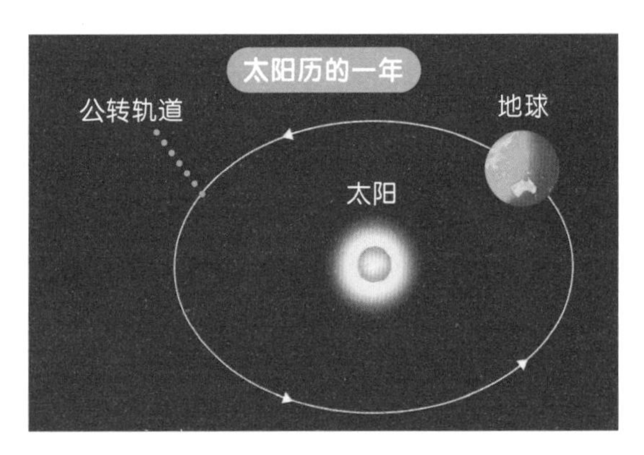

地球围绕太阳运动一周所需的时间是一年。
1年 = 365.2422天 ≈ 365天

太阴太阳历的1个月

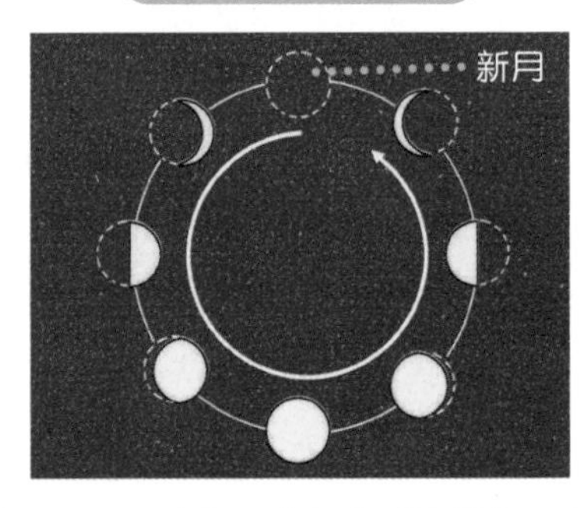

从新月到下一个新月之间的时间视为一个月。
1年 =29.5天 × 12个月 ≈ 354天

更好 第77页问题答案

小测验 有366天的那一年叫作什么？

3 月故事

3月1日

在地上挖一个洞，能通到地球的另一端吗？

阅读日期（　年　月　日）（　年　月　日）（　年　月　日）

越向下挖，温度越高

看着地球仪，我们会发现，从日本挖一个洞，笔直地挖下去，好像最后会从南美大陆附近钻出来。但是，如果真的挖这样一个洞，真的会来到南美大陆吗？

如果只是向下挖几千米深的洞，现在的大型机械就能做到。

然而，一旦挖掘的深度达到10千米左右，地下的温度就会上升至80℃左右，岩石也变得十分坚硬。因此，到这个深度时，利用目前的技术，就没有办法再向下挖掘了。目前人类所挖掘的最深的洞位于俄罗斯，深度为12.262千米。

如果继续向下挖掘，由于高热和聚集在地球内部的大量岩石所带来的巨大的挤压力（压力），人和机械都会受到损害。

地球中心是高达6000℃的另一个世界

越接近地球的中心，温度就会越高。地球的中心叫作“地核”，是由铁、镍等金属构成的地层。目前，科学家认为那里的温度高达6000℃。这种来自地球内部的热量被称作“地热”。

地核是由一种叫作“地幔”的岩石层堆积而成的。地幔的体积约占地球总体积的80%。地球的表面叫作“地壳”，陆地部分的地壳厚度为30～60千米，海洋部分的地壳厚度为5～10千米。它们覆盖在地幔周围，从半径长达6400千米的地球整体来看，这个厚度只不过相当于鸡蛋的蛋壳厚度。目前，人们所能挖掘的地壳深度只有12千米左右。

要点在这里！

地球内部的温度很高，压力也很强，只能挖掘到某种程度。

地球内部

闰年 第78页问题答案

小测验 由铁和镍等金属构成的地球的中心部分叫什么？

鱼的身体里有鱼鳔！

阅读日期（　年　月　日）（　年　月　日）（　年　月　日）

鱼鳔里注入气体

鱼可以在水中自由自在地游来游去。按理说，在水中，重的东西会下沉，轻的东西会上浮才对。为什么鱼既不会沉下去也不会浮在水面上呢？

在鱼的身体里，有一个像气球一样的东西——鱼鳔。在鱼鳔内侧有许多细小的血管，鱼正是用这些血管存取血液中的氧和二氧化碳气体，再通过这些气体在水中调节浮力的。

鱼鳔注入来自血管的气体后，会膨胀起来，浮力也会随之变大。因此，鱼的身体会浮起来。

相反，如果将其中的气体放掉，鱼鳔就会变小，浮力也随之变小，鱼的身体就会沉下去。

有鱼鳔的鱼和没有鱼鳔的鱼

生活在深海里的鱼，如果突然被打捞到海面上，有时肚子会鼓得圆圆的。这是由于它们身体周围水的压力（水压）忽然消失了，浮力的调节没能跟上，从而导致鱼鳔过度膨胀。

鱼鳔一旦过度膨胀，鱼的内脏就会受到压迫，有时甚至会导致死亡。

此外，一些种类的鲨鱼体内没有鱼鳔，但它们的体内蓄积了大量密度低于水的油脂，因此即使不再游动，身体也并不会马上沉下去。

要点在这里！

大多数鱼类的体内都有鱼鳔。它们通过存取鱼鳔中的气体，调节在水中的浮力。

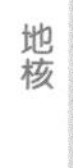

第80页问题答案　地核

小测验　没有鱼鳔的鲨鱼，体内蓄积了什么？

压力锅和普通的锅有什么不一样？

阅读日期（　年　月　日）（　年　月　日）（　年　月　日）

水蒸气从锅盖的缝隙里跑出来

你知道一种叫作“压力锅”的锅吗？压力锅和普通的锅有什么区别呢？

我们用普通的锅蒸煮食物时，盖子会啪嗒、啪嗒地动起来，蒸汽会从锅盖的缝隙里跑出来。这是锅里的水温度达到100℃，开始沸腾了的缘故。沸腾后的水会变成水蒸气，扩散到空气中（→p.236）。锅里的空气在水蒸气的作用下膨胀起来，所产生的力量驱动了锅盖上下运动。水蒸气也会由此从锅盖的缝隙里跑出来，扩散到空气中。

利用空气的压力使温度上升

与普通的锅不同，压力锅的内侧安装了橡胶圈，外侧也安装了防止锅盖活动的五金零件，因此，即使锅内的空气发生了膨胀，锅盖也不会活动。膨胀后的空气无法跑到锅的外面，只能由上向下对沸腾的水施力，这种力就叫作“压力”。

在压力的作用下，构成水的小颗粒（水分子）会不断地“横冲直撞”，想要跑到空气中去，从而产生一种剧烈的运动，使水温达到120℃左右。也就是说，压力锅是利用压力产生高温进行烹饪的，这样能够缩短烹饪时间。

然而，压力锅也存在压力过大发生爆炸的危险。为了防止发生爆炸，人们在压力锅的盖子上安装了一个叫作“调压阀”的零件，使一部分空气可以通过调压阀流动到空气中，以此实现对锅内气压的调节。

要点在这里！

压力锅利用压力所产生的高温进行烹饪，能够缩短烹饪时间。

普通的锅

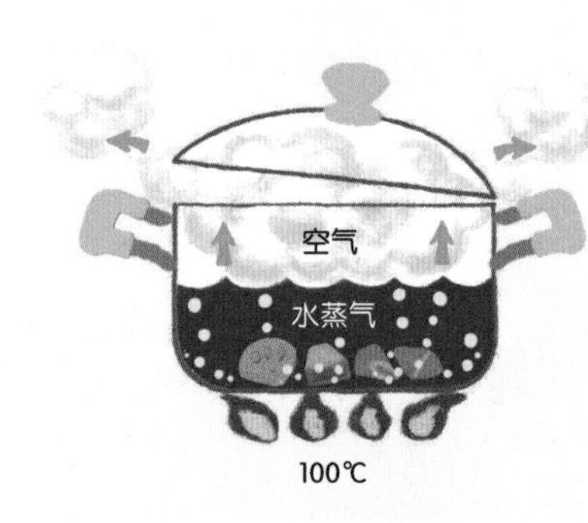

压力锅

油脂 第81页问题答案

小测验 压力锅里的水温能够达到多少度？

个子为什么会长高？

阅读日期（　　年　　月　　日）（　　年　　月　　日）（　　年　　月　　日）

骨骼末端的细胞发生分裂

在体检量身高时，很多人会比前一次体检长高了。那么，人为什么会长高呢？

人的个子之所以会长高，其实是骨头长长了的缘故。在孩子的骨头两侧边缘，存在一种叫作“骨端线”的软骨，其中的细胞具有拉伸骨骼的作用。

其实，骨端线中的细胞本身并不能变大。但它们会不断发生分裂，使数量逐渐增加。这种现象叫作“细胞分裂”。

通过细胞分裂增加的骨端线细胞会促进骨骼生长，并且，这部分软骨会逐渐变硬，最终变成坚硬的骨骼的一部分。这就是骨骼生长、个子变高的原理。

那么，是不是全身的骨骼都可以按照这样的原理生长呢？答案是：并非如此。具有骨端线的骨骼主要位于手臂和腿等较长的骨头上，在头盖骨这类圆形的骨骼上没有骨端线。不过，这类骨骼中的细胞会不断地生长，从而制造出坚硬的骨头。

骨骼生长的原理

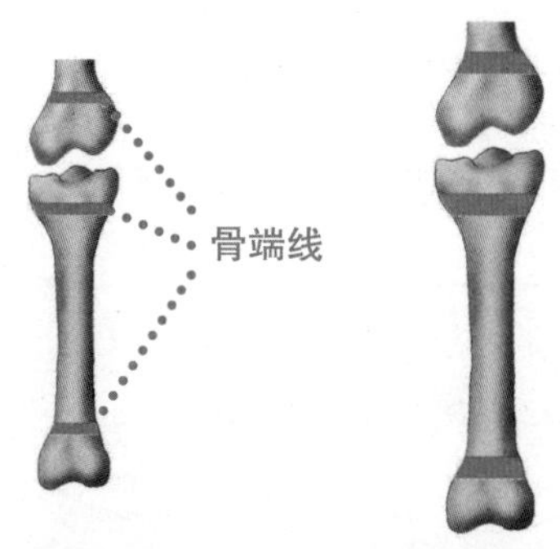

①骨端线发生细胞分裂。

②通过细胞分裂所增加的细胞促进了骨骼的生长。

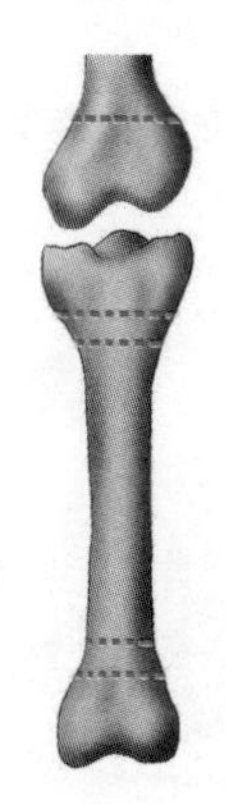

③增加的细胞会最终变硬，变成骨骼的一部分。由此实现骨骼的生长。成年后，骨端线就会消失。

成年人为什么不再长高了

也许有些人会想，如果细胞不断发生分裂，那么是不是一直到死，个子都会不断长高呢？

实际上，绝大多数人在成年以前，身高就停止生长了。这是因为，只有孩子的骨头上才有骨端线。随着人的成长，骨端线会逐渐减少，一般男性到16岁，女性到15岁左右，骨端线就会消失。因此，成年人往往不会再长高了。

要点在这里！

位于骨端线内的细胞不断发生分裂，所增加的细胞促进了骨骼的生长，由此人类的个子就会长高。

小测验　细胞从一个变成两个，这种细胞数量不断增加的现象叫什么？

第82页问题答案 120℃

所谓的冬眠，仅仅就是睡觉吗？

阅读日期（　年　月　日）（　年　月　日）（　年　月　日）

动物的种类不同，冬眠的方式也不同

在野生动物中，有一部分动物会采用“冬眠”的方式度过天气寒冷、食物缺少的冬天。在冬眠期间，动物们为了尽量节省能量，会停止活动、减缓心跳、减少呼吸次数等。

蛇和青蛙等动物会将体温调节到与周围环境的温度一致。因此，到了冬季，它们会让体温随气温同步下降，睡上一个冬天。而哺乳类动物的过冬方式则是各显神通。

蝙蝠即使在冬眠期间，遇到温暖的日子也会睁开眼睛去寻找食物。花栗鼠大约每周会醒来一次，吃储存在巢穴里的食物、排便。山鼠则会一直睡觉，不吃东西。

日本约有32种冬眠的哺乳类动物。除棕熊、黑熊等熊类，其余都是小型哺乳动物。

熊的过冬方式

熊会在秋天大量进食，在体内蓄积脂肪，到了冬天，就钻进合适的树洞里冬眠。由于体内蓄积的脂肪会转化为能量，因此在冬眠期间，熊既不进食也不排便。

冬眠时，熊的体温会下降至3℃左右。但由于始终处于浅睡眠状态，只要稍微有一点儿声响就会醒过来。据说，母熊会在冬眠期间产崽和育儿。因为熊的冬眠方式与其他动物稍有不同，为了加以区别，我们将熊的冬眠方式叫作“过冬”。

要点在这里！

蛇和青蛙等动物的冬眠方式是单纯的睡觉；花栗鼠冬眠期间会进食和排便，熊甚至会在过冬期间繁殖后代。

只睡觉的动物

蛇和青蛙等属于体温随周围环境的气温变化的动物，因此到了冬季，它们就会降低体温，用睡觉的方式度过冬天。

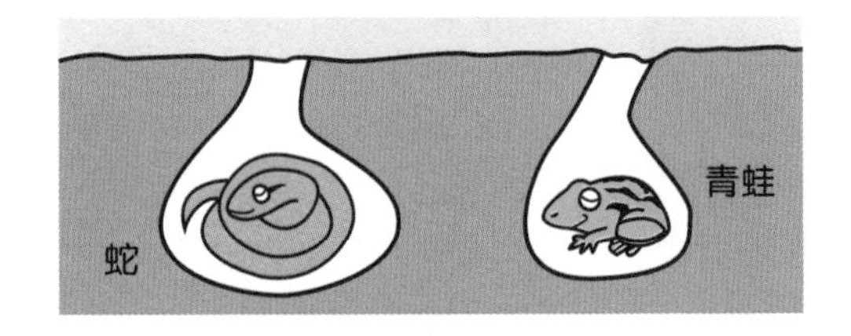

不只是睡觉的动物

花栗鼠在冬眠期间会醒来进食和排便。熊甚至会在冬眠期间繁殖后代。

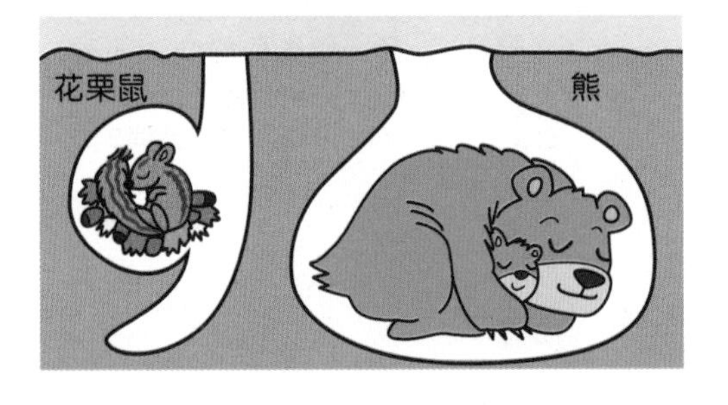

第83页问题答案 细胞分裂

小测验 为了与其他动物的冬眠方式加以区别，我们把熊的冬眠方式叫作什么？

有以“日本（Nihon）”命名的元素!

阅读日期（　　年　　月　　日）（　　年　　月　　日）（　　年　　月　　日）

使锌原子和铋原子发生高速对撞。

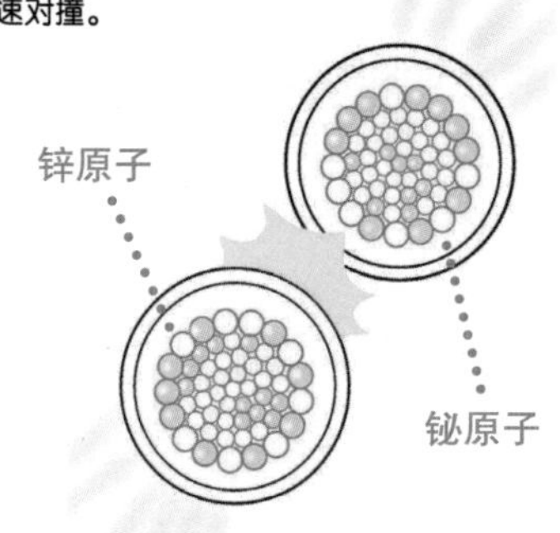

※提到原子的种类时，我们称之为“元素”。

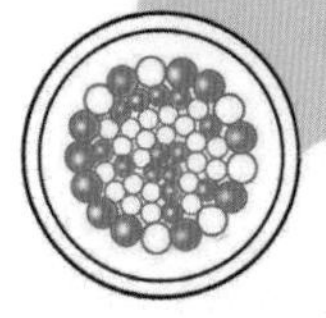

成功合成。

要点在这里！

在日本率先得到证实的原子被命名为鿭（Nihonium）。这对于整个亚洲而言，也是史无前例的大发现。

什么是“元素”？

宇宙万物都是由一种叫作“原子”的微粒组合而成的（→p.76）。原子有很多种类。在提到原子的种类时，我们经常会用到一个词，即“元素”。

目前，已知的元素有118种，其中的92种存在于自然界中。剩下的元素由于性质极其不稳定，几乎无法存在于自然界中，只能靠人工的方法证实它们存在。这其中就有在日本率先得到证实的元素。

在日本率先得到证实

日本九州大学的森田浩介教授等人进行了一项实验，内容是使锌原子和铋原子发生高速对撞。由此合成的新元素被命名为“鿭（Nihonium）”。其中，“Nihon”是“日本”的意思。

为了合成新元素，森田教授等人利用9年时间，反复进行了约400兆次的对撞实验，成功合成的鿭却只有3个。并且，鿭无法存在于自然界中，在区区0.002秒之后，它们就会变成其他的元素。但是，在这样严苛的条件下得到证实的鿭对日本而言有着重要的意义。

鿭是第一个由日本率先证实其存在的元素，同时也是亚洲首例。

小测验　由日本率先合成的新元素叫什么名字？

蜜蜂为什么要采蜜?

阅读日期（　　年　　月　　日）（　　年　　月　　日）（　　年　　月　　日）

酿造蜂蜜

到了春天，蜜蜂会在花丛中飞来飞去采集花蜜。它们为什么要采蜜呢?

答案是为了酿造大量的蜂蜜，作为储备食品。其实，刚从花上采下来的花蜜还不能算是蜂蜜，因为它们还需要很长的时间才能被酿造成蜂蜜。

采完花蜜后，蜜蜂会把它们储存在体内一个叫作“蜜囊”的袋子中，带回蜂巢。然后用嘴（口器）将花蜜传递给同伴。这样一来，花蜜的成分就在蜜蜂的身体里发生了变化。

得到花蜜的蜜蜂会把蜜吐到用于储存蜜的小房间里，并不断用翅膀扇风，使其中的水分蒸发。这样，花蜜的浓度和成熟度就会逐渐提高，于是，就得到了香甜的蜂蜜。要知道，蜂蜜可是蜜蜂非常重要的营养来源。

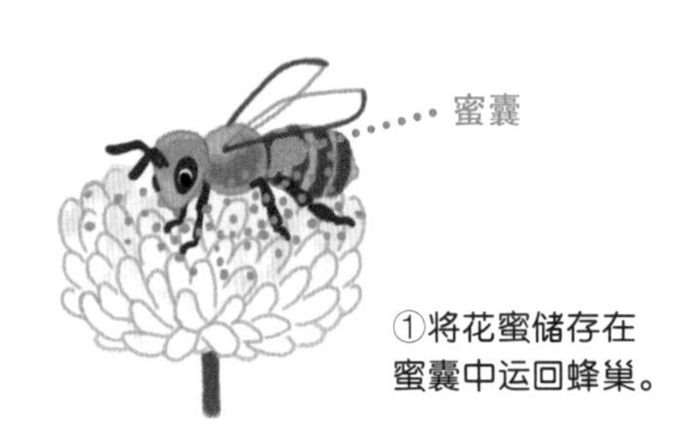

①将花蜜储存在蜜囊中运回蜂巢。

②用嘴将花蜜传递给同伴，花蜜的成分会在蜜蜂的身体里发生变化。

③用翅膀扇风，蒸发掉其中的水分，提高蜂蜜的甜度。

帮助农作物结出果实

蜜蜂在采集花蜜时，身上会沾上花粉。因此，它们在运送花蜜的同时，也会连同花粉一起运送到各处。

正因为蜜蜂搬运了花粉，帮助农作物授粉，农作物才会结出果实。比如可可树，就是得到了蜜蜂搬运的花粉后，才结出了果实。

在全世界的农作物中，有三分之一是依靠蜜蜂的帮助结出果实的。此外，也有观点认为“如果蜜蜂灭绝了，人类也将随之在四年后灭绝”。

第85页问题答案　钚

小测验　采集花蜜的时候，蜜蜂会连同什么一起搬运?

飞机上有一个零件是以蜂巢为灵感发明的！

阅读日期（　　年　　月　　日）（　　年　　月　　日）（　　年　　月　　日）

六边形蜂巢的意义

提到蜂巢，我们的脑海中会浮现出很多个小小的六边形拼接在一起的形象。其中每一个六边形都是一个小小的房间，蜜蜂的幼虫就在里面慢慢长大。

实际上，蜂巢之所以做成六边形，里面蕴藏着许多学问。

举例来说，如果每个小房间都是圆形或者五边形，会出现什么情况呢？把许多圆形或者五边形排列在一起，中间会出现间隙，蜂巢里的一部分空间会被浪费掉。如果做成三角形、四边形或者六边形，虽然空间不会被浪费，但是经过计算会发现，越接近圆形，制造蜂巢所需的材料就越少，所能承受的来自各方的力也就越大。也就是说，为了用最少的材料制造出最坚固的巢穴，蜂巢最终被做成了六边形。

轻巧坚固的构造

像蜂巢一样，由许多六边形排列在一起组成的结构，叫作“蜂巢结构”。

蜂巢结构由于实现了原材料的最少化，具有轻巧的特点。此外，它还非常坚固，能够承受较大的外力，且不易损坏。因此，蜂巢结构也被用于制造飞机的机身和机翼。

要点在这里！ 飞机的机身和机翼采用了类似蜂巢那样用大量六边形排列在一起的『蜂巢结构』。

首先，将大量六边形的细长筒状材料摆放在金属板上。然后，在上面再覆盖一块金属板，将材料夹在中间。

这样就同时实现了在空中飞行时所需的轻巧性和抵御飞行阻力的坚固性。

这种结构也常被应用于新干线和人造卫星等的制造方面。

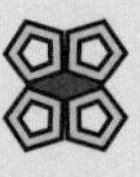
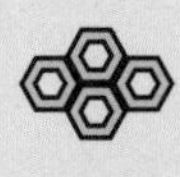

圆形和五边形排列在一起会出现间隙，六边形则不会。

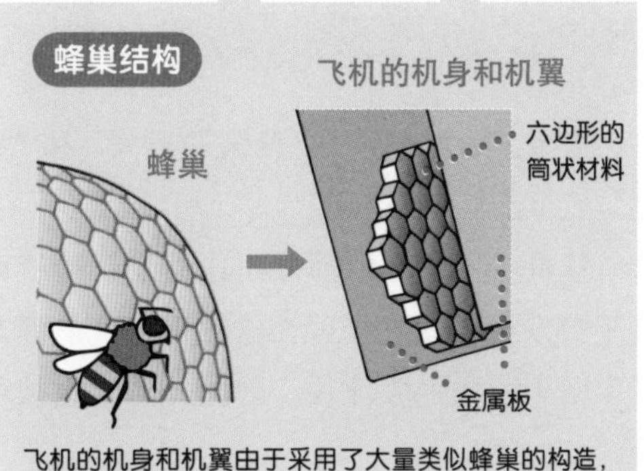

飞机的机身和机翼由于采用了大量类似蜂巢的构造，既轻巧又坚固。

第86页问题答案 花粉

小测验 像蜂巢一样，大量六边形排列在一起的结构叫什么？

有一颗星星，每隔76年才出现一次！

阅读日期（　　年　　月　　日）（　　年　　月　　日）（　　年　　月　　日）

经历了漫长的旅程来到这里

在太阳系中，有一种拖着长长的尾巴，周期性接近太阳的天体，我们把它叫作“彗星”。彗星沿着细长的椭圆形轨道围绕太阳运行，因此，每次接近太阳后，再一次接近太阳需要相当长的时间。

我们把每次远离后，再次出现所需的时间在200年以内的彗星叫作“短周期彗星”。例如，有一颗被命名为“哈雷”的彗星每隔76年接近太阳一次。因此，我们每隔76年，才能见到它一次。

还有一些彗星再次出现所需的时间在200年以上，我们把这种彗星叫作“长周期彗星”。在长周期彗星中，有2530年才会出现一次的海尔波普彗星，以及113,782年才会出现一次的百武彗星。

此外，在彗星中，还有一些接近太阳一次之后就不再出现的。

哈雷彗星的运行轨道

运行一周所需的时间是76年。

彗星的真面目究竟是什么样子的？

彗星大致可以分为“彗核”“彗发”和“彗尾”三个部分。

彗星头部明亮的部分叫作彗发。彗核就位于彗发中，其直径可长达数千米，是混杂了宇宙中尘埃的大冰块。因此，彗星也被称为“脏雪球”。

彗星在靠近太阳时，由于逐渐受热，会有气体和尘埃从冰块中跑出，向外延伸。延伸后的部分就是我们看到的彗尾。

要点在这里！

彗星是一种周期性接近太阳的天体，沿着细长的椭圆形轨道，绕着太阳运行。

蜂巢结构
第87页问题答案

小测验　哈雷彗星每隔多少年才会出现一次？

用塑料瓶做成的火箭为什么能飞起来？

阅读日期（　　年　　月　　日）（　　年　　月　　日）（　　年　　月　　日）

塑料瓶火箭的飞行原理

往塑料瓶里加入半瓶水，对瓶内的空气进行压缩后，拔掉橡胶栓使火箭发射出去。

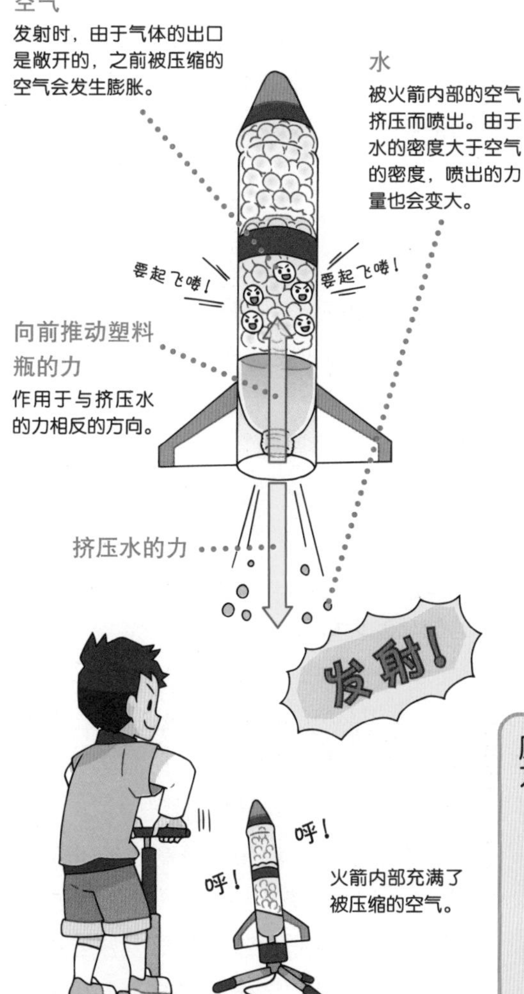

能够改变体积的空气

在注射器里加入水，然后推动活塞棒，并不能使水得到压缩。但是，如果在注射器里抽入空气，然后推动活塞棒，却能够使空气得到压缩。推动活塞棒的时候，能感觉到手指也受到了被推动的力。

对密闭的空气施力，空气的体积会变小。空气的体积压缩得越小，想要恢复原状的力就越大。我们发射用塑料瓶制成的火箭时，会在加入水的火箭中加入空气。这样，火箭内部就存在了被压缩得紧紧的空气。

空气喷出的力

将充满气的气球口猛地松开，由于有空气向外喷出，气球也会随之向相反的方向飞去。可见，对物体施加力，会产生同样大的反方向的力。

用塑料瓶制作的火箭也是同样的道理。发射时，其内部的空气想恢复原状而膨胀，在压力下突然向后喷出水。由于水的密度大于空气的密度，所产生的向下的力较强，产生的向反方向前进的力也会变大。因此，在火箭里加入水，它会飞得更高。真正的火箭发射利用的也是这样的结构。（→p.19）

要点在这里！

对密闭的空气施加力，空气会被压缩，从而产生强大的压力。

第88页问题答案 76年

小测验 为什么与只加入空气相比，加入水的火箭可以飞得更远？

酸奶是怎样做成的？

阅读日期（　　年　　月　　日）（　　年　　月　　日）（　　年　　月　　日）

酸奶是用牛奶制成的

酸奶是用什么原料制成的呢？答案就是我们平常喝的牛奶。

制作酸奶的第一步，就是在牛奶中加入一种叫作“乳酸菌”的菌种。这样一来，乳酸菌就会借助自己的小伙伴——一种叫作“酶”的物质的力量，将牛奶中所含有的甜甜的成分（乳糖）进行分解，制造出一种叫作“乳酸”的酸酸的成分。这个过程叫作“发酵”。

把牛奶在温暖的地方放置几个小时，使其发酵，牛奶就会在乳酸的作用下逐渐凝固。

这样做出来的就是酸奶。酸奶之所以会有酸酸的味道，就是其中含有乳酸的缘故。

酸奶的制作过程

向牛奶中加入乳酸菌。

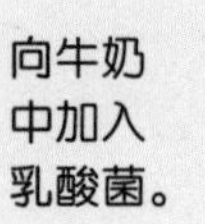

牛奶中包含一种叫作乳糖的成分。

乳酸菌借助酶的力量对乳糖进行分解

发酵就是腐败变质吗？

实际上，还有一种与发酵性质相同，也是对含有微生物的物质进行分解，使其变为其他物质的现象，那就是食物腐烂，即我们平常所说的“腐败”。

发酵和腐败这两个词的基本区别就在于其变化是否符合人们的需求。

发酵是“对人们有益的现象”。利用发酵制成的酸奶既健康又美味。

而腐败则与此相反，是“对人们有害的现象”。肉类等腐败会产生有害物质，食用后可导致腹泻。

利用发酵制成的不仅有酸奶，还包括奶酪、纳豆、味噌、酱油等很多种类的食品。制作面包时，也利用了一种叫作“酵母菌”的微生物进行发酵。

要点在这里！

向牛奶中加入乳酸菌，经发酵后可以得到酸奶。

第89页问题答案：因为水比空气重，产生的反作用力更大。

小测验 制作酸奶时，向牛奶中加入的菌种叫什么？

鲸和海豚的差别仅仅在于大小不同！

阅读日期（　　年　　月　　日）（　　年　　月　　日）（　　年　　月　　日）

鲸鱼

蓝鲸
体积最大，身长可达33米的须鲸。

海豚

牙齿 用于一条一条地吃掉小鱼。

半道海豚
身长2～3米的齿鲸。

在齿鲸中，身长在4米以下的被叫作海豚。

海豚是齿鲸的一种

鲸和海豚都是生活在海洋里的哺乳类动物，但是体积却相差悬殊。

举例来说，地球上最大的动物是一种叫作“蓝鲸”的鲸，它的身长可达33米，而海豚的身长大多在2～3米。

然而，身形如此娇小的海豚，实际上却是鲸的一种。

鲸分为“齿鲸”和“须鲸”（→p.163）。

在齿鲸中，身长超过4米的叫作鲸；而身长在4米以下的，则被叫作海豚。

齿鲸的重要特征之一，就是嘴里有牙齿。海豚的嘴里也有牙齿，它们正是利用这些牙齿一条一条地吃掉小鱼。

须鲸没有牙齿，而是有一个叫作“须板”的、形状像胡子一样的器官。它们利用须板捕食鱼类等。

无法依照大小进行区分？

鲸和海豚基本上是按照体积大小来区分的。但是，这种区分方法并不是百分之百准确的。

在鲸中，有身长不超过4米的“小抹香鲸”“灰海豚”“小虎鲸”等品种。在海豚中也有身长超过4米的“白海豚”。

由此可见，在鲸和海豚的区分方法上，存在一定的模糊区域。

要点在这里！

基本上，身长超过4米的齿鲸叫作鲸，而身长在4米以下的则被叫作海豚。

第90页问题答案 乳酸菌

小测验 海豚属于鲸中的哪一类？

建造隧道的工程受到了贝壳的启发！

阅读日期（　年　月　日）（　年　月　日）（　年　月　日）

蛀船虫挖洞的原理

有一种叫作蛀船虫的生物，它们长着细长的身体，身体前端有坚硬的贝壳。由于蛀船虫以木头为食物，自古以来，许多木船的船底都遭到过它们的啃食。

然而，在距今约200年前，一位名叫马克·布律内尔的法国工程师从这种被称为“木船天敌”的生物身上得到灵感，发明了挖掘隧道的方法。

布律内尔通过仔细观察，发现了蛀船虫啃食船底时所用到的方法。那就是，在用贝壳挖洞的同时，利用贝壳中分泌出来的物质对挖出来的洞进行加固，以免发生坍塌。

由此，布律内尔发明了一边掘进一边为隧道提供支撑避免坍塌的“盾构法”，并利用这项技术，挖掘了横穿英国泰晤士河的隧道。随后，在海底和地面上容易出现坍塌的地方挖掘隧道也得以实现。

蛀船虫挖洞的原理

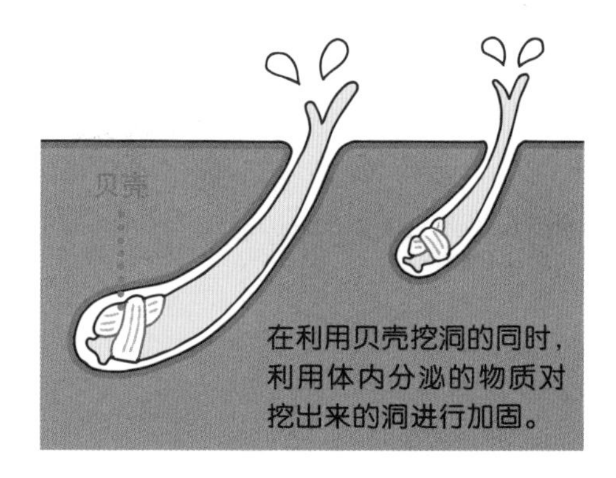

在利用贝壳挖洞的同时，利用体内分泌的物质对挖出来的洞进行加固。

利用盾构法挖掘隧道

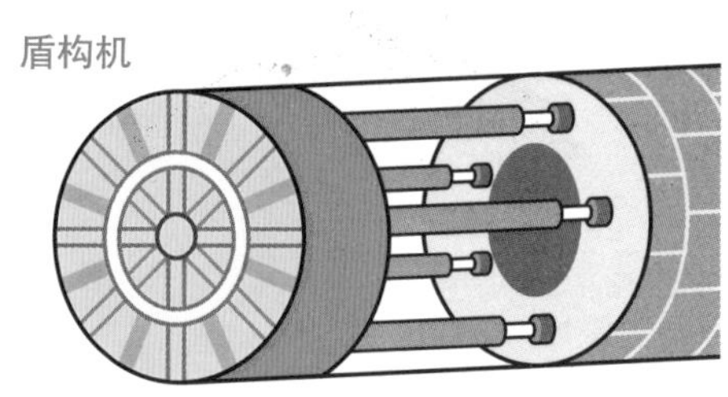

盾构机在掘进的同时，为了避免土石塌方，用厚厚的铁板支撑挖出来的洞穴。

日本的盾构隧道

连接神奈川县和千叶县的东京湾水隧道是日本第一条利用盾构法挖掘的公路隧道。其中，全长约15千米的海底隧道是利用“盾构机”，采用盾构法挖掘而成的。

虽然隧道在海底承受着巨大的水压，但是在盾构法的帮助下，还是成功实现了在海底的建造。

要点在这里！

受到蛀船虫挖洞的启发，人们发明了被称作盾构法的隧道挖掘技术。

第91页问题答案　齿鲸

小测验　受到蛀船虫挖洞的启发而发明的隧道挖掘技术叫什么？

地图是如何绘制出来的？

3月14日

阅读日期（　年　月　日）（　年　月　日）（　年　月　日）

地球 大地

徒步绘制地图的人

第一个正确绘制出日本地图的人名字叫作伊能忠敬，是生活在距今200多年前的一位学者。他利用一种叫作“导线测量”的方法，在日本各地徒步测量，绘制出了日本地图。

利用导线测量法时，要首先从A点步行到B点。最开始计算距离是利用伊能本人所走的步数，后来使用了铁索和绳子。然后，在B点插上一根竹棍，再站在A点进行观察。这样一来，就可以测量AB两点之间的连线与正北方向之间的夹角度数了。伊能就是这样不断重复上述过程，对海岸线的形状进行持续的测量和记录的。

从1800年开始，伊能忠敬一行人用了17年时间，在日本全国徒步测量，行程高达40,000千米。

利用导线测量法绘制地图

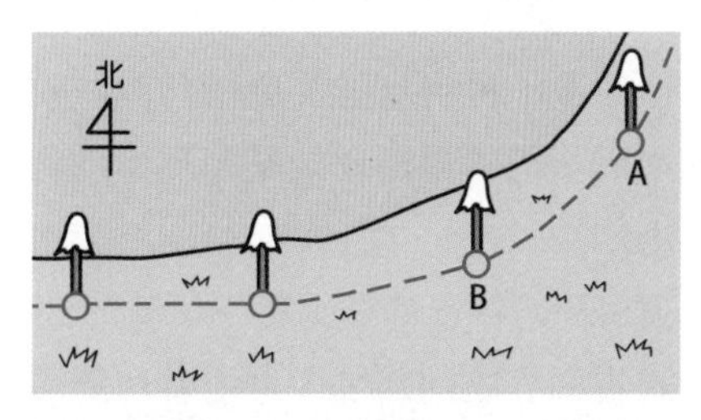

从A点走到B点，测量距离。然后通过测算与正北之间的角度差来记录海岸线的形状。

使用飞机绘制地图

基于飞机拍摄的照片，利用计算机将土地的位置和高度等信息进行汇总。

使用飞机绘制地图

现在我们绘制地图时，使用的是从飞机上拍摄的照片。这种方法首先要利用相关机器，将从空中拍摄的照片立体化，并在看上去高度相同的地方画上等高线。然后利用计算机将土地的位置和高度等信息进行汇总，最终绘制出地图。当然，想要了解每一条道路的宽度等具体情况，还需要进行实地测量。

此外，还可以利用在宇宙中运行的人造卫星进行地图的测绘。通过“电子基准点”接收来自人造卫星的电波，就能够测算出地球上与之相对应的正确位置。全日本约有1300个电子基准点，能够为绘制出更加精确的地图提供帮助。

要点在这里！

在古代，人们利用实际徒步测量的方式绘制地图；如今利用飞机和人造卫星，能够绘制出更为精确的地图。

小测验 伊能忠敬绘制地图时使用的方法叫作什么？

第92页问题答案 盾构法

猫头鹰的脸上隐藏着许许多多的秘密！

阅读日期（　　年　　月　　日）（　　年　　月　　日）（　　年　　月　　日）

能够判断猎物位置的耳朵

你知道一种叫作猫头鹰的鸟吗？它们主要在夜间活动，是捕食老鼠等小型动物的食肉动物。

猫头鹰的特点就是长着一双大大的眼睛，即使在夜间昏暗的环境中也能看清周围的物体。据说，猫头鹰的视力是人类的100倍。

然而，仅凭这双眼睛，还不足以发现微小的猎物。猫头鹰还长着一对灵敏的耳朵，能够捕捉到猎物在黑暗中发出的极其微弱的声音，并且迅速判断出其所处的位置。

猫头鹰之所以能够判断出猎物的位置，是因为它的左耳和右耳朝向不同的方向，而且上下位置也略有差异。

猎物发出的声音只要发生一点点位置变化，就会以不同的音量抵达猫头鹰的左耳和右耳。它们也就能够据此推测猎物所在的方向和自己与猎物之间的距离了。

不过，猫头鹰的耳朵藏在羽毛里，从外面很难看到。

猫头鹰的面盘

眼睛周围略有凹陷。

碗形天线（抛物面天线）

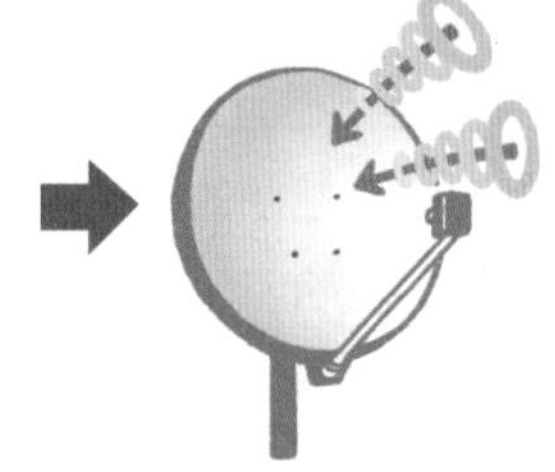

用于接收卫星广播的碗形天线像接收电波一样收集声音。

用面部收集声音

猫头鹰在用耳朵听到声音前，是使用面部来收集声音的。

像猫头鹰这种整体比较扁平的面部叫作“面盘”。面盘上只有眼睛周围略有凹陷。这样的形状有助于收集声音。猫头鹰的耳朵位于距离左右眼很近的地方，因此，收集到的声音可以很快进入耳朵里。

将这种构造做成碗的形状，就是我们现在常见的，用于收集电信号的碗形天线（抛物面天线）。

要点在这里！

猫头鹰首先用面部收集声音，然后利用上下位置不同的左耳和右耳判断猎物的位置。

导线测量法 第93页问题答案

小测验　猫头鹰扁平的面部叫什么？

什么是转基因？

阅读日期（　　年　　月　　日）（　　年　　月　　日）（　　年　　月　　日）

DNA与遗传基因

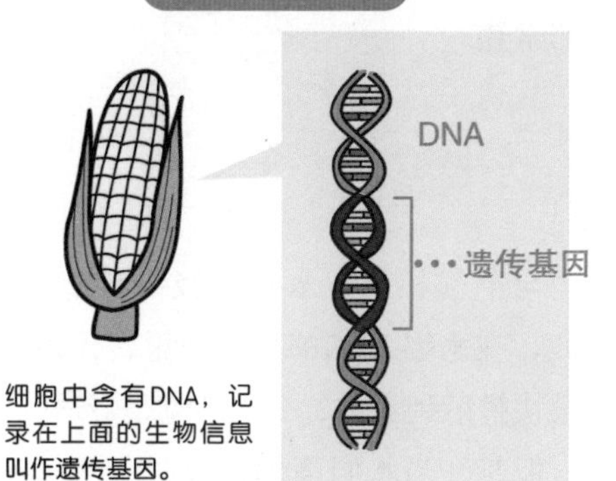

细胞中含有DNA，记录在上面的生物信息叫作遗传基因。

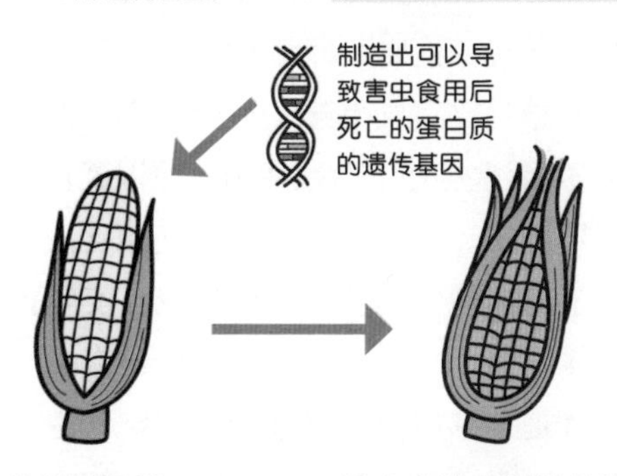

在普通品种上编辑添加可以制造出导致害虫食用后死亡的蛋白质的遗传基因，就培育出了抗虫害能力强的品种。

基因编辑

大家听说过“转基因技术”吗？

我们平常所说的“遗传基因”，是指由父母遗传给子女的生物信息，也就是一种类似于身体设计图的东西。在生物体的细胞内，有一种叫作“DNA”的链状物质，记录在上面的信息就叫作“遗传基因”。通过对遗传基因与其他生物体细胞中的DNA加以编辑，就能够将一种生物体所具有的能力赋予其他的生物体。

这项技术目前主要用于农作物的品种改良和开发新品种。

举例来说，在种植农作物时，用于清除杂草的除草剂有时会导致农作物也一同枯死。但是，利用转基因技术，就可以培育出喷洒除草剂也不会枯死的农作物新品种。此外，科学家还培育出了能够杀死啃食的害虫，以及含有大量特定成分的农作物新品种。

转基因作物的利用

目前，全世界的人口数量持续增加，有必要生产出更多的食物来满足人们的需求。据说，转基因食物有助于解决这一方面的问题。

要点在这里！

利用作为身体设计图的遗传基因，将一种生物体所具有的能力赋予其他的生物体的技术叫作转基因技术。

第94页问题答案 面盘

小测验 用于记录遗传基因的链状物质叫什么？

同样是30℃，为什么气温让人觉得热，水温却不会呢？

阅读日期（　年　月　日）（　年　月　日）（　年　月　日）

很难导热的空气

夏季的气温一旦超过30℃，人就会感到非常热。但是，如果泡在30℃的洗澡水里，就只会觉得温温的。这是为什么呢？

假设我们现在正身处气温30℃的地方。与水相比，空气的导热能力要差得多。因此，虽然体内的热量扩散到了空气中，却很难进一步从身边扩散出去。这样一来，身体好像被包裹在热热的空气膜里面一样，人就会感觉非常热。

容易导热的水

与空气相反，水具有极易导热的性质。因此，在水温30℃的大浴池里，体内的热量会很快扩散到水中，令人感觉很舒适。

但是，当水温高于体温时，热量的流向会发生逆转。这时，即使是同样的温度，水会令人感觉比空气更热。举例来说，人进入100℃的桑拿房并不会被烫伤，原因就在于热的传导方式。桑拿房中虽然空气温度高，但是由于身体周围的空气很难导热，实际传导给人体的温度要低于室温。此外还有一个原因，就是桑拿房内的湿度较低，空气中的水分含量较少。如果反过来进入水温100℃的浴池里，由于水存在易于导热的性质，会给人体造成严重的烫伤。

空气与水温的感知方式

30℃

热

空气
身体周围残留了热空气，人会感觉热。

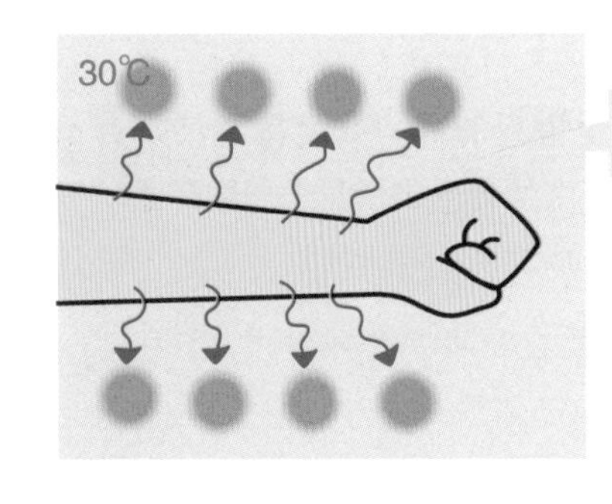

水
体内的热量被快速传导出去，温度也没有大幅上升，感觉温温的。

要点在这里！

空气具有不易导热的性质，因此，30℃的空气给人感觉比同样温度的水更热。

DNA 第95页问题答案

小测验 水和空气，哪一个更容易导热？

大脑里面为什么会有褶皱?

阅读日期（　年　月　日）（　年　月　日）（　年　月　日）

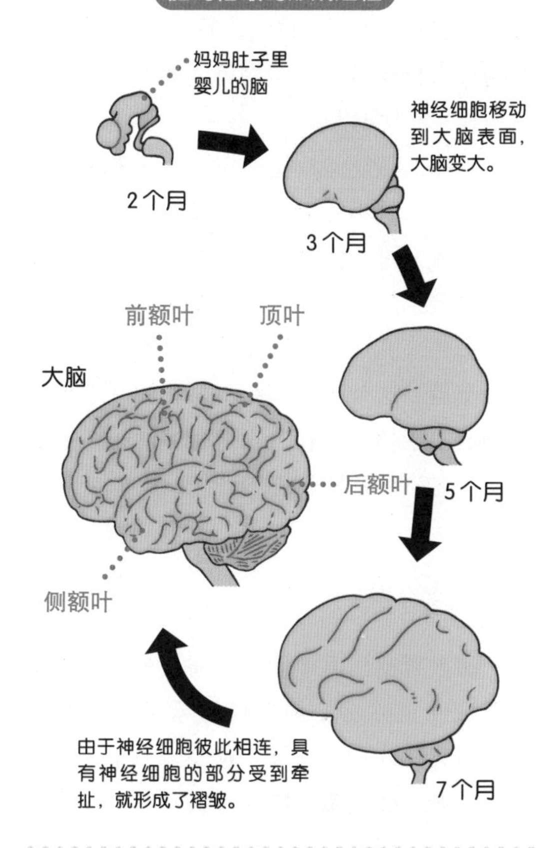

增加表面积

位于我们头部的脑，表面布满了皱皱巴巴的褶皱。为什么会有这些褶皱呢?

占据脑的大部分的是“大脑”。大脑的表面被称为“大脑皮质”。

有褶皱的正是大脑皮质。由于大脑皮质的存在，我们才能够感知、思考和记忆。

也就是说，大脑皮质是对人类非常重要的部位。因此，脑会尽量增加大脑皮质的表面积，于是，也就出现了大脑皮质上的褶皱。如果将大脑皮质铺开，面积大约有一张报纸那么大。这些褶皱把大脑划分为几个区域，每个区域都发挥着不同的作用。

神经细胞带来的沟壑

据说，脑之所以有褶皱，还有另外一个原因。

婴儿在妈妈肚子里不断长大的同时，大脑深处制造出来的“神经细胞”会向大脑表面移动。并且，由于神经细胞是彼此相连的，被牵扯到的一部分神经细胞也会被拉动，从而形成沟壑。也就是说，这些沟壑形成了脑的褶皱。有一种说法是“脑的褶皱越多，人越聪明”，但实际上，海豚脑子的褶皱比人类还要多。不过，海豚的大脑表面要比人类薄得多，聚集于此的神经细胞的比例也较小，因此，并不能说海豚和人类一样聪明。

要点在这里!

脑想要增加大脑皮质的表面积，于是制造出了褶皱。此外，具有神经细胞的部位受到牵扯，形成沟壑，进而形成了褶皱。

第96页问题答案 水

小测验 哪种动物脑的褶皱比人类还要多?

仙人掌为什么会有那么多刺?

阅读日期（　　年　　月　　日）（　　年　　月　　日）（　　年　　月　　日）

生长在干旱的土地上

你在花店里见过仙人掌吗？你有没有想过，仙人掌长出那么多的刺，究竟是为什么呢？

仙人掌是一种生活在沙漠等干旱地区的植物。在它们生长的地方，有时虽然也会下大雨，但绝大部分时间是没有降雨的。因此，仙人掌会在下雨时吸收水分，将其保存在茎中。

白天　夜间

气孔　二氧化碳

气孔闭合，减少水分的蒸发。

气孔张开，吸收二氧化碳，制造营养成分。

为了保证体内的水分不会蒸发殆尽，仙人掌的表面有一层厚厚的、坚硬的皮。此外，它的外形也使得表面积尽可能缩小，使得水分不容易蒸发出去。

另外，在气温较高的白天，茎表面被称为“气孔”的小孔会闭合，以减少水分的蒸发。一般来讲，植物都是白天张开气孔吸收二氧化碳，制造营养成分，而仙人掌则是在夜里张开气孔吸收二氧化碳，留作白天进行光合作用。这种功能都是由植物的叶子来完成的。由于仙人掌在进化过程中叶子变成了针状，它是利用茎来完成上述工作的。

用于自卫的小刺

如上所述，由于仙人掌通过各种方式储存了大量的水分，有些觊觎水分的动物就会想方设法吃掉仙人掌。但是，如果身上长满了小刺，仙人掌就能躲过被动物吃掉的厄运，得以保全自己。

当然，也有不在意小刺照吃不误的动物，那就是鬣蜥。

要点在这里！

由于仙人掌的体内储存了大量的水分，为了防止被觊觎这些水分的动物吃掉，它在进化过程中叶子逐渐变成了小刺。

第97页问题答案 海豚

小测验　植物吸收二氧化碳的小孔叫什么？

海底有冒出热水的地方！

3月20日

阅读日期（　年　月　日）（　年　月　日）（　年　月　日）

深入海底裂缝深处的海水被地下的岩浆加热后喷出。

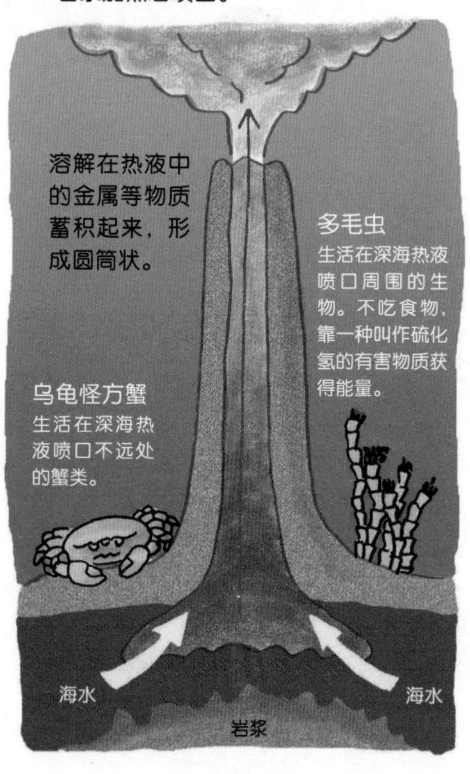

喷出热水

海洋深处的海水温度，即便是在赤道正下方的热带海域，水深1000米以下的地方，水温也在5℃以下。在这样冷冰冰的海底，居然有咕嘟嘟冒出热水的地方，它们叫作“深海热液喷口”。

深海热液喷口是位于海底的裂缝，能够喷出被地下岩浆（黏稠的熔岩）加热过的水。喷出的水温度可高达200～400℃。

它们喷出的热液中含有大量金属等对生物体有害的物质，然而，在深海热液喷口附近，却生活着大量生物。

举例来说，有一种筒状的、叫作多毛虫的生物，能够从热液所含有的有害物质“硫化氢”中汲取能量，是一种非常罕见的生物。此外，在深海热液喷口附近，还生存着以多毛虫或微生物为食物的蟹类。由此，在深海热液喷口的周围，就形成了独特的生态环境。

孕育了地球上最初的生命？

有一种假说认为，深海热液喷口有可能是孕育了地球上最初的生命的地方。

因为其喷出的热液中，含有氢、氨等物质。这些都是构成生命基础“氨基酸”的元素。或许对深海热液喷口进行研究，可以解开生命的诞生之谜。

要点在这里！

在深海里有能够喷出热液的缝隙，有学说认为这里是孕育了地球上最初生命的地方。

小测验　位于海底、能够喷出被岩浆加热过的水的缝隙叫什么？

第98页问题答案　气孔

举重运动员举重前为什么要大喊一声？

阅读日期（　年　月　日）（　年　月　日）（　年　月　日）

最大限度发挥力量

在电视上看举重比赛的时候，我们会发现，运动员都是在大喊一声的同时举起重重的杠铃的。那么，喊声中究竟蕴藏着什么含义呢？

人类是靠肌肉的活动实现身体自由活动的，发出巨大的喊声能够使得肌肉的力量得到最大限度的发挥，这种现象叫作“呐喊效应”。举重选手正是利用这种“呐喊效应”举起重重的杠铃的。

不只有举重选手会用到“呐喊效应”，链球选手、铁饼选手等从事与重量相关的运动的选手在比赛时也会发出巨大的喊声。

弱化大脑的“叫停功能”

我们平时用到的力量，大约是能够使出的最大力量的20%～30%。

如果肌肉使出100%的力量，那么骨骼和肌肉就会有受伤的风险。因此，在面对重物时，大脑会开启“叫停功能”，以防止用力过猛。

然而据说，如果在发力的同时大喊一声，大脑的“叫停功能”就会被削弱，使得人们能够多发挥5%的力气。

此外，有一个说法叫“火灾现场的蛮力（洪荒之力）”，说的就是在火灾现场这类危险的地方，大脑的“叫停功能”会失效，使人们能够发挥出巨大的力量。

大家平常在举起重物的时候，也会不由自主地大喊一声“嘿”。这就是在无意之中利用了“呐喊效应”。

要点在这里！

举重选手通过大喊一声的方式，最大限度地发挥肌肉的力量。

第99页问题答案 深海热液喷口

小测验 大喊一声，能够最大限度发挥出肌肉力量的现象叫作什么？

水珠为什么是圆的？

阅读日期（ 年 月 日）（ 年 月 日）（ 年 月 日）

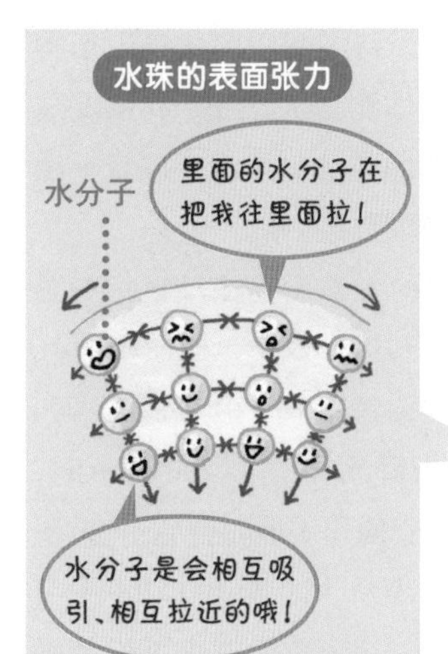

雨后的树叶

减小表面积

下雨后，树叶上和蜘蛛网上都会留下水珠。这些水珠圆滚滚的，看起来非常漂亮。

物体外层暴露在空气中的面积叫作表面积。物体的形状不同，其表面积也不同。并且，在水量相同的前提下，与其他形状相比，圆形（球形）的表面积最小。也就是说，水珠通过变成球形的方式实现了表面积的最小化。这究竟是为什么呢？

在表面张力的作用下变圆了

水是由一种叫作“水分子”的小颗粒集合在一起构成的（→p.38）。水分子无论何时都会相互吸引、相互拉近。因此，在水的表面，有一种试图使表面积最小化的力不断发挥作用。这种力叫作“表面张力”。

对于水珠而言，在水的表面不存在将水分子向外牵拉的其他水分子，因此，表面的水分子受到水珠内部的水分子的牵拉，就变成了球形。

在其他许多地方，我们也能看到表面张力在发挥作用。例如，肥皂泡之所以圆圆的，也是出于同样的道理。此外，如果仔细观察杯中水的表面，会发现水面是呈微微的球形，这也是表面张力的作用。还有，人们认为水黾能够在水面上行走，也是由于表面张力的作用（→p.199）。

各种各样的表面张力

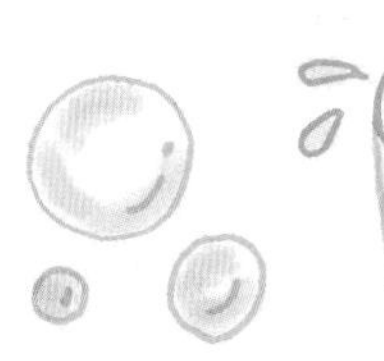

肥皂泡

杯子里的水表面

水黾在水上走

要点在这里！

由于位于水珠表面的水分子没有遇到将其向外牵拉的水分子，因此，受到位于内部水分子的牵拉，水珠就变圆了。

第100页问题答案 呐喊效应

小测验 作用于水的表面，使表面积缩小的力叫什么？

究竟什么样的雨，才会被称为百年一遇？

阅读日期（ 年 月 日）（ 年 月 日）（ 年 月 日）

下了相当于200千克的雨

日本气象厅从1901年开始对降水量进行了持续观测。从100多年的历史记录来看，日本曾经出现过极其罕见的大暴雨，甚至还出现过可以称为50年或者百年一遇的大暴雨。

在一段时间内降落到地面的雨量或者雪量叫作“降水量”。这个数值的含义是指在雨或雪没有任何流失、持续累积的条件下所得到的水的深度。具体测量方法是：利用安装在观测站直径为20厘米的雨量计，测量一个小时所累积下来的雨量或雪量。

所谓百年一遇的大暴雨，在日本指的是北部地区1小时达到100 ~ 200毫米的降水量，在西日本的太平洋沿岸1小时达到200 ~ 400毫米的降水量。当降水量达到200毫米时，在1平方米的方形空间里1小时会蓄积20厘米深的雨水，相当于从天上降下了200千克的水到这个空间里。这个重量的水可以装满一个钢桶。

雨量计的构造

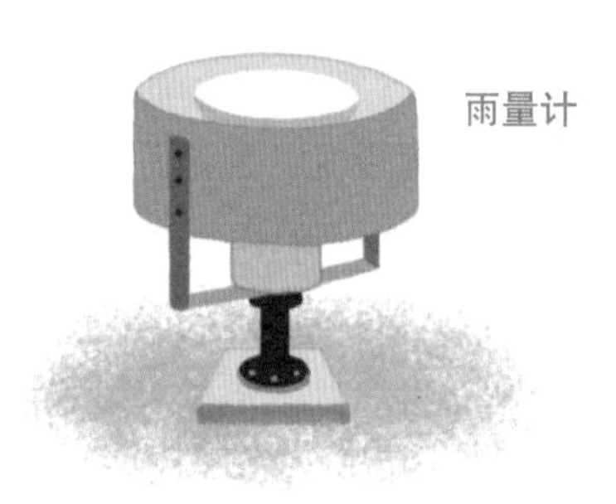

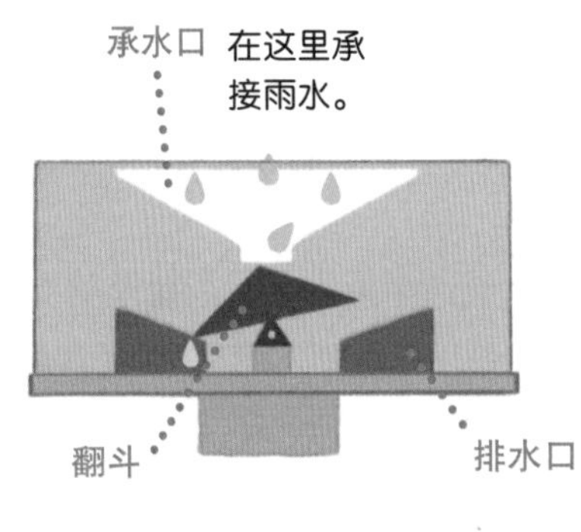

当承水器中的雨水量达到0.5毫米，翻斗就会失去平衡发生倾斜，将水倒入排水口。此时开关被触发，进行记录，最终根据开关被触发的次数来计算总的降水量。

下暴雨时会出现什么情况？

在日本的天气预报中，将每小时降水量在80毫米以上的雨称为暴雨。下暴雨时，在雨里人们会听不见周围的声音，也看不清周围的情况。此外，还会出现河水倒灌、道路积水等情况，非常危险。近些年，日本频繁出现百年一遇的大暴雨。因此，专家们正在进行暴雨预测与防灾的相关研究。

要点在这里！

在日本的天气预报中，将每小时降水量在80毫米以上的雨称为暴雨。日本频繁出现百年一遇的大暴雨。

第101页问题答案 表面张力

小测验 一段时间内降落到地面的雨量或者雪量叫什么？

地球不是正圆形的！

阅读日期（　年　月　日）（　年　月　日）（　年　月　日）

表面凹凸不平，略呈扁圆状的地球

如果被问到“地球是什么形状的？”，大部分人应该都会回答“球形”吧。的确，翻开地图册或者观察地球仪，我们所看到的地球都是球形的。

但实际上，地球的表面并不像平常我们所看到的球那么光滑。在陆地上，有海拔数千米的高山；在海里，也有深达1万米的海底，因此，地球表面实际上是凹凸不平的。

此外，地球的纵向直径约为12,714千米，横向直径约为12,756千米。实际上，它是一个略扁的球体。地球为什么会呈现出这样的形状呢？

离心力改变了地球的形状

地球以南、北两极的连线为轴心，以24小时为周期运转一圈（这叫作自转）。此时，有一种从中心向外扩展的力会作用于地球，这种力叫作“离心力”（→p.146）。当我们拎起一个装了水的水桶快速转圈时，水不会洒出来，也是由于离心力发挥了作用。

离轴心越远，离心力越大。因此，在把地球分为南、北两个半球的赤道附近，受到的离心力最大。正因为赤道附近被向外拉伸，使得地球成了一个略扁的球体。

要点在这里！

赤道附近在离心力的作用下被向外拉伸，从而使得地球成为一个略扁的球体。

小测验　地球的横向直径和纵向直径哪一个更长？

第102页问题答案　降水量

很多东西要用电！

阅读日期（ 年 月 日）（ 年 月 日）（ 年 月 日）

电的本质是电子的移动

世间万物都是由一种叫作“原子”的小颗粒构成的（→p.73）。

原子的中央有“原子核”，在原子核中，有带有正电的“质子”；在原子核周围，有不断运动的带负电的“电子”。在金属中，含有能够远离原子核，并能保持运动的电子。电的本质就是这些电子的移动。

使用电能的物品

举例来说，利用一种叫作“导线”的金属线将电池的两端连接起来，电子就会从电池的负极向正极方向移动。也就是说，正是这种移动产生了电。

此外，有一种叫作“静电”（→p.73）的电，它的本质是电子一瞬间的移动，而电池则是电子在持续不断地移动。

电能量的转化

电的能量可以转化为光、热和驱动机械运转的动力。我们利用这一性质，将其应用于各种场合。

当电能转化为热能时，能够用于电暖炉等取暖设备；当电能转化为光能时，可以用于照明；当电能转化为动力时，可以驱动一种叫作“发动机”的机械装置。发动机被广泛应用于吸尘器、洗衣机、手机等电器产品中。可见，电是我们生活中不可缺少的好伙伴。

要点在这里！

我们将电的能量转化为热能、光能和动力等，并加以利用。

横向直径 第103页问题答案

小测验 电的本质是原子中的什么东西发生了移动？

花粉过敏的人和一般人有什么不一样？

3月26日

阅读日期（　　年　　月　　日）（　　年　　月　　日）（　　年　　月　　日）

生命 人体

花粉过敏的致病原理

每到春季，都会有人因为花粉过敏而导致眼睛发痒或不停地打喷嚏。

在我们的身体里，有一种抵御和驱逐外来病毒等人体不需要的物质的机制。但是，这种机制也会作用于食物、尘埃、花粉等对人体无害的物质。这种现象叫作“过敏反应”。

花粉过敏的致病过程

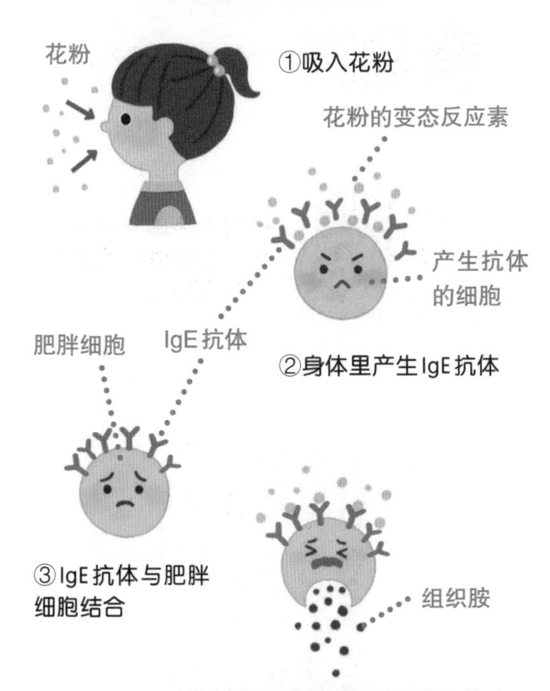

花粉过敏就是过敏反应的表现之一。它是身体对于从口鼻吸入的花粉的变应原（导致过敏的物质）做出了“这是我的敌人”的判断所导致的。此时，身体做好了与接下来进入身体里的花粉做斗争的准备，会制造出一种“IgE抗体”（免疫球蛋白）。IgE抗体会与一种能够保护身体的“肥胖细胞”相结合。因此，在花粉的变应原再次进入体内时，肥胖细胞就会试图驱逐它，从而制造出“组织胺”，导致打喷嚏和流鼻涕。

导致过敏的原因是什么？

有观点认为，导致花粉过敏最重要的原因来自于遗传性的过敏体质。

过敏体质的人体内分泌的IgE抗体数量超过了正常的需求量。

此外，IgE抗体的数量在达到一定的临界值之前，是不会引起过敏的。因此可以说，居住在有大量花粉的地区的人更容易出现花粉过敏反应。

要点在这里！

花粉过敏大多是由容易产生过敏的体质导致的。

第104页问题答案 电子

小测验 花粉进入人体后，人体会产生一种与之后进入的花粉做斗争的物质，它叫什么？

壁虎为什么能在天花板上爬来爬去？

阅读日期（　　年　　月　　日）（　　年　　月　　日）（　　年　　月　　日）

长在脚趾上的微毛

你见过夜晚趴在窗户玻璃上的壁虎吗？壁虎属于小型爬行类动物，喜欢捕食昆虫。由于昆虫夜晚喜欢聚集在明亮的地方，壁虎也会默默守在一旁等待猎物出现。发现昆虫后，壁虎可以轻松爬上垂直、光滑的墙壁，有时甚至能在天花板上飞快爬行。

壁虎之所以能够在任意地方自由爬行，秘密就藏在它的脚趾上。壁虎的脚趾呈膨大状，趾腹部长满了“攀瓣”。攀瓣上长满了微毛（刚毛和绒毛）。这些微毛的末端呈扁平状，能够进一步扩大接触面积。虽然在所有的物体之间都存在相互吸引的力，但壁虎的微毛和墙壁或玻璃窗之间存在的这种力更强，因此，壁虎能够行走自如。

壁虎脚趾的构造

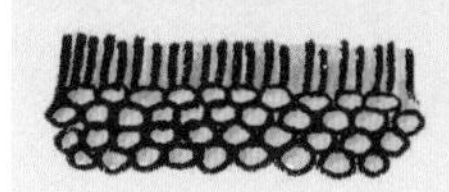
攀瓣上长满了微毛。

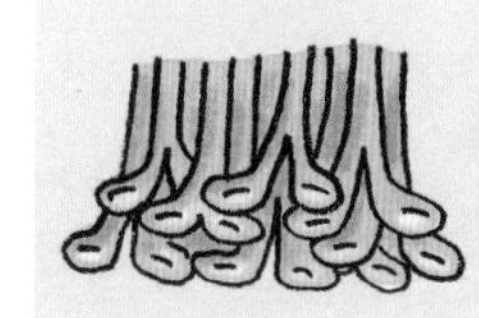
微毛的末端呈扁平状，能够进一步扩大接触面积。

灵感来自壁虎的“壁虎胶带”

有一种黏着胶带——壁虎胶带，就是受到了壁虎的启发而发明的。

与我们一只手掌同样大小的“壁虎胶带”，能够粘起一个体重约50千克的成年人。按理说，具备如此强大的黏附力，一旦粘住，就很难脱离开，或者会留下胶带的痕迹。然而，事实却并非如此。

更准确地来讲，目前的壁虎胶带，其实也只达到了壁虎黏附力的80%左右。

要点在这里！

在壁虎的脚掌上，长满微毛（刚毛和绒毛）。由于这些微毛的作用，壁虎才可以在墙上和玻璃窗上行走自如。

第105页问题答案　IgE抗体

小测验　壁虎脚趾上可以进一步扩大接触面积，帮助它附着在墙壁和玻璃上的东西是什么？

月球上有水吗？

阅读日期（　　年　　月　　日）（　　年　　月　　日）（　　年　　月　　日）

水在月球上会四散开来

由于地球上存在生物生存所必需的水，我们才能够生存下去。然而，月球上却没有水。这是月球上吸引物体的"重力"较弱的缘故。水之所以能存在于地球上，是因为在重力的作用下，水受到地球的吸引，因而留在了地球上。

月球上的重力仅为地球的六分之一。即便月球表面原本有水，这些水也会四散开来，跑到宇宙中去。因此，月球表面没有水，是一个非常干燥的世界。

在月球表面发现了水？

尽管如此，科学家们还是猜测，在月球的南极附近，会不会有水存在呢？在月球的南极附近，有一片太阳光永远照射不到的圆形低洼地带——环形山（→p.123）。科学家们猜测，在环形山的底部，有可能存在没有蒸发的、呈结冰状态的水。

2009年，美国进行了一项实验，利用月球探测仪发射的小型火箭撞击环形山，并对其喷发出的物质进行检测。结果表明，其中含有水的成分。

2012年6月，以美国为主的研究团队宣布，通过探测仪的检测，证实了"在月球南极的环形山北部存在冰"的猜测。

最近的观点认为，在月球的环形山内部，太阳光照射不到的地方，存在着重达数亿吨的冰。

要点在这里！

在重力较弱的月球表面，水会四散到宇宙中，但是在月球的南极附近，存在着水以冰的形态存在的可能性。

小测验 月球上的重力相当于地球上的几分之一？

第106页问题答案　微毛（刚毛和绒毛）

为什么河里和海里的石头都滑溜溜的？

阅读日期（ 年 月 日）（ 年 月 日）（ 年 月 日）

微小生物的聚集地

试着摸一摸河底或海底的石头，是不是感觉滑溜溜的？

这种滑溜溜的东西，实际上是附着在石头表面的一种叫作“硅藻”的生物。

由于这种生物的体积非常小，无法用肉眼看到独立的个体。然而它们却能附着在石头上，不被河水和海水冲走。而且，在不断进行细胞分裂（→p.83）的过程中，硅藻的数量会不断增加。

在硅藻逐渐形成一个巨大的群体后，石头的颜色就会变成绿色或者褐色，并且触感变得滑溜溜的。借此，我们就可以了解哪些石头上长了硅藻。

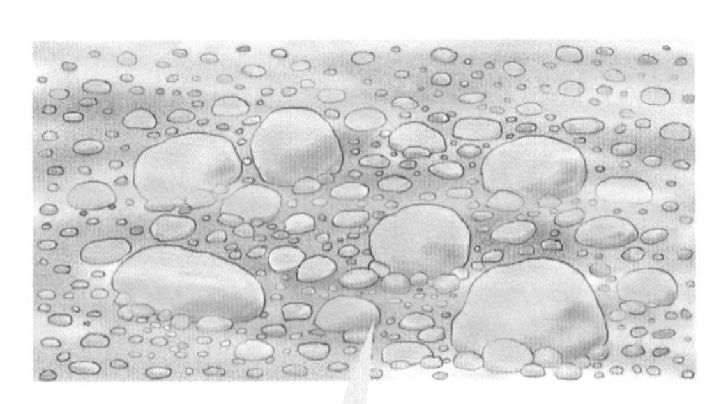

河里和海里的石头

附着在河里和海里的石头表面的硅藻。硅藻通过细胞分裂增加数量，使石头变得滑溜溜的。

硅藻的作用

对生活在河里的许多生物来说，硅藻是非常重要的食物。

像香鱼、鰕虎鱼、泥鳅等鱼类，以及蜉蝣等虫子，都喜欢啃食附着在石头上的硅藻。海里的硅藻也能成为鱼类和贝类的食物。我们人类也可以通过食用这些以硅藻为食物的鱼类来获得营养，维持生存。此外，硅藻还可以通过光合作用（→p.135）产生氧气。

综上所述，硅藻是对动物和人类都非常重要的生物。

要点在这里！

河底和海底的石头上由于聚集了一种叫作硅藻的微小生物，而变得滑溜溜的。

第107页问题答案 六分之一

小测验 附着在河底和海底滑溜溜的石头上的生物叫什么？

除臭剂是怎样除臭的？

阅读日期（　　年　　月　　日）（　　年　　月　　日）（　　年　　月　　日）

空气中有哪些难闻的气味？

当空气中混杂了“散发出难闻气味”的成分时，这种成分就会在呼吸时通过鼻子进入人体，使人们感知到它的存在。

难闻的气味包括很多种类，例如厨余垃圾和洗手间里的气味，这些大多源自肉眼看不到的微生物：微生物在分解时产生的气味扩散到空气中，就变成了我们所闻到的难闻气味。

四种除臭方法

下面这四种方法能够消除难闻的气味。

第一种方法，将散发出难闻气味的成分替换成没有气味的成分。有些除臭剂可以利用化学反应，将散发出难闻气味的物质替换成没有气味的物质。

第二种方法，从空气中吸附散发出难闻气味的成分。利用碳这种表面具有大量孔隙的物质，吸附散发出难闻气味的成分，使这些成分无法抵达人们的鼻腔。

第三种方法，利用好闻的气味遮掩难闻的气味。利用这种方法，虽然散发出难闻气味的成分并没有消失，但是人们闻到的好闻的气味更明显。

第四种方法，通过抑制散发出气味的微生物的增殖，来避免其发出难闻的气味。

大部分除臭剂都综合利用了上述四种方法。

要点在这里！

除臭剂可以使散发出难闻气味的成分发生变化，或者将其吸收，以消除难闻的气味。

第108页问题答案　硅藻

小测验　厨余垃圾和洗手间里散发着各种难闻气味的原因是什么？

电影里恐龙的叫声和真的恐龙叫声是一样的吗？

阅读日期（　年　月　日）（　年　月　日）（　年　月　日）

与真实的恐龙叫声不一样

大家看过关于恐龙的电影吗？

在电影里，恐龙总会发出恐怖的叫声，但电影里的叫声和真实恐龙的叫声是一样的吗？

实际上，在爬行类动物体内，并不存在用于发声的结构。因此，在绝大多数情况下，恐龙只能发出类似“呼”“咻”这样的呼吸声。也就是说，电影里恐龙的叫声完全是人们臆想出来的。

然而，人们对恐龙化石进一步研究得到的结果表明，舌部具有舌骨的三角龙能够发出巨大的叫声。最近的研究还表明，大多数恐龙能发出类似鸽子“咕咕咕”的叫声。

顺便告诉大家，研究人员利用恐龙化石和计算机还原了暴龙的叫声，据说，那是一种类似于打嗝的声音。

利用恐龙化石和计算机还原出的暴龙的叫声，是一种类似于打嗝的声音。

由于绝大多数恐龙体内没有发声器官，起初，人们认为它们并不能发出叫声。

暴龙的叫声源于一种叫作杰克罗素梗的小狗。

伶盗龙的叫声源自正在交尾的乌龟。

利用其他动物的声音模仿

电影里出现的恐龙的叫声，是利用其他动物的叫声合成的。在某部电影中，凶猛庞大的肉食性恐龙暴龙的叫声，是利用一种叫作杰克罗素梗的小狗的叫声制作而成的。

此外，大型植食性恐龙腕龙的叫声是利用驴子的叫声，濒死时的三角龙的叫声是从牛群中收录而来的。还有，小型肉食性恐龙伶盗龙的叫声源自正在交尾的乌龟。

要点在这里！

电影中恐龙的叫声其实是人们臆想出来的，科学家认为，恐龙只能发出不能称之为叫声的声音。

第109页问题答案 微生物分解

小测验 舌部具有舌骨，被认为能够发出巨大叫声的恐龙是哪一种？